U0194241

●冯·诺伊曼签名

· *The Computer and the Brain* ·

在人类历史上，每一个世纪，总有那么少数几个人，他们孤军奋战解决一些难题，在黑板上写几个公式就改变了世界。冯·诺伊曼是 20 世纪或许也可以说是有史以来最有影响力的数学家之一，正是因为其完成的运算，我们现在才可以快速完成许多异乎寻常的事情。

——麦克雷（N. Macrae），冯·诺伊曼传记作者

冯·诺伊曼是一位身兼数学家、物理学家以及其他诸多领域专家的伟大人物。他的天才在我们的思想、技术、社会以及文化等诸多方面留下了不朽的印记。

——默顿（R. K. Merton），美国社会学家

科学元典丛书

The Series of the Great Classics in Science

主　　编　任定成

执行主编　周雁翎

策　　划　周雁翎

丛书主持　陈　静

科学元典是科学史和人类文明史上划时代的丰碑，是人类文化的优秀遗产，是历经时间考验的不朽之作。它们不仅是伟大的科学创造的结晶，而且是科学精神、科学思想和科学方法的载体，具有永恒的意义和价值。

科学元典·交叉科学系列

The Computer and the Brain

计算机与人脑

（附冯·诺伊曼《数学在科学和社会中的作用》）

〔美〕冯·诺伊曼（J. v. Neumann）著

甘子玉　王骏 译

北京大学出版社
PEKING UNIVERSITY PRESS

图书在版编目（CIP）数据

计算机与人脑：附冯·诺伊曼《数学在科学和社会中的作用》/
（美）冯·诺伊曼著；甘子玉，王骏译. –– 北京：北京大学出版社，
2024. 11. ––（科学元典丛书）. –– ISBN 978-7-301-35367-7

Ⅰ. TP3；R338.2

中国国家版本馆 CIP 数据核字第 2024PQ4258 号

THE COMPUTER AND THE BRAIN

By John von Neumann

New Haven: Yale University Press, 1958

书　　　名　计算机与人脑（附冯·诺伊曼《数学在科学和社会中的作用》）
　　　　　　JISUANJI YU RENNAO（FU FENG·NUOYIMAN《SHUXUE ZAI KEXUE HE
　　　　　　SHEHUIZHONG DI ZUOYONG》）
著作责任者　［美］冯·诺伊曼（J. v. Neumann）著　甘子玉　王骏 译
丛 书 策 划　周雁翎
丛 书 主 持　陈　静
责 任 编 辑　李淑方
标 准 书 号　ISBN 978-7-301-35367-7
出 版 发 行　北京大学出版社
地　　　址　北京市海淀区成府路 205 号　　100871
网　　　址　http://www. pup. cn　　　　　　　新浪微博：@ 北京大学出版社
微信公众号　通识书苑（微信号：sartspku）　　科学元典（微信号：kexueyuandian）
电 子 邮 箱　编辑部 jyzx@pup.cn　　　　　　　总编室 zpup@pup.cn
电　　　话　邮购部 010-62752015　　发行部 010-62750672　　编辑部 010-62767857
印　刷　者　天津裕同印刷有限公司
经　销　者　新华书店
　　　　　　880 毫米 ×1230 毫米　A5　4.5 印张　220 千字
　　　　　　2024 年 11 月第 1 版　2024 年 11 月第 1 次印刷
定　　　价　59.00 元（精装）

弁　言

• *Preface to the Series of the Great Classics in Science* •

　　这套丛书中收入的著作，是自古希腊以来，主要是自文艺复兴时期现代科学诞生以来，经过足够长的历史检验的科学经典。为了区别于时下被广泛使用的"经典"一词，我们称之为"科学元典"。

　　我们这里所说的"经典"，不同于歌迷们所说的"经典"，也不同于表演艺术家们朗诵的"科学经典名篇"。受歌迷欢迎的流行歌曲属于"当代经典"，实际上是时尚的东西，其含义与我们所说的代表传统的经典恰恰相反。表演艺术家们朗诵的"科学经典名篇"多是表现科学家们的情感和生活态度的散文，甚至反映科学家生活的话剧台词，它们可能脍炙人口，是否属于人文领域里的经典姑且不论，但基本上没有科学内容。并非著名科学大师的一切言论或者是广为流传的作品都是科学经典。

　　这里所谓的科学元典，是指科学经典中最基本、最重要的著作，是在人类智识史和人类文明史上划时代的丰碑，是理性精神的载体，具有永恒的价值。

一

　　科学元典或者是一场深刻的科学革命的丰碑，或者是一个严密的科学体系的构架，或者是一个生机勃勃的科学领域的基石，或者是一座传播科学文明的灯塔。它们既是昔日科学成就的创造性总结，又是未来科学探索的理性依托。

哥白尼的《天体运行论》是人类历史上最具革命性的震撼心灵的著作，它向统治西方思想千余年的地心说发出了挑战，动摇了"正统宗教"学说的天文学基础。伽利略《关于托勒密和哥白尼两大世界体系的对话》以确凿的证据进一步论证了哥白尼学说，更直接地动摇了教会所庇护的托勒密学说。哈维的《心血运动论》以对人类躯体和心灵的双重关怀，满怀真挚的宗教情感，阐述了血液循环理论，推翻了同样统治西方思想千余年、被"正统宗教"所庇护的盖伦学说。笛卡儿的《几何》不仅创立了为后来诞生的微积分提供了工具的解析几何，而且折射出影响万世的思想方法论。牛顿的《自然哲学之数学原理》标志着17世纪科学革命的顶点，为后来的工业革命奠定了科学基础。分别以惠更斯的《光论》与牛顿的《光学》为代表的波动说与微粒说之间展开了长达200余年的论战。拉瓦锡在《化学基础论》中详尽论述了氧化理论，推翻了统治化学百余年之久的燃素理论，这一智识壮举被公认为历史上最自觉的科学革命。道尔顿的《化学哲学新体系》奠定了物质结构理论的基础，开创了科学中的新时代，使19世纪的化学家们有计划地向未知领域前进。傅立叶的《热的解析理论》以其对热传导问题的精湛处理，突破了牛顿的《自然哲学之数学原理》所规定的理论力学范围，开创了数学物理学的崭新领域。达尔文《物种起源》中的进化论思想不仅在生物学发展到分子水平的今天仍然是科学家们阐释的对象，而且100多年来几乎在科学、社会和人文的所有领域都在施展它有形和无形的影响。《基因论》揭示了孟德尔式遗传性状传递机理的物质基础，把生命科学推进到基因水平。爱因斯坦的《狭义与广义相对论浅说》和薛定谔的《关于波动力学的四次演讲》分别阐述了物质世界在高速和微观领域的运动规律，完全改变了自牛顿以来的世界观。魏格纳的《海陆的起源》提出了大陆漂移的猜想，为当代地球科学提供了新的发展基点。维纳的《控制论》揭示了控制系统的反馈过程，普里戈金的《从存在到演化》发现了系统可能从原来无序向新的有序态转化的机制，二者的思想在今天的影响已经远远超越了自然科学领域，影响到经济学、社会学、政治学等领域。

科学元典的永恒魅力令后人特别是后来的思想家为之倾倒。欧几里得的《几何原本》以手抄本形式流传了1800余年，又以印刷本用各种文字出了1000版以上。阿基米德写了大量的科学著作，达·芬奇把他当作偶像崇拜，热切搜求他的手稿。伽利略以他的继承人自居。莱布尼兹则说，了解他的人对后代杰出人物的成就就不会那么赞赏了。为捍卫《天体运行论》中的学说，布鲁诺被教会处以火刑。伽利略因为其《关于托勒密和哥白尼两大世界体系的对话》一书，遭教会的终身监禁，备受折磨。伽利略说吉尔伯特的《论磁》一书伟大得令人嫉妒。拉普拉斯说，牛顿的《自然哲学之数学原理》揭示了宇宙的最伟大定律，它将永远成为深邃智慧的纪念碑。拉瓦锡在他的《化学基础论》出版后5年被法国革命法庭处死，传说拉格朗日悲愤地说，砍掉这颗头颅只要一瞬间，再长出这样的头颅100年也不够。《化学哲学新体系》的作者道尔顿应邀访法，当他走进法国科学院会议厅时，院长和全体院士起立致敬，得到拿破仑未曾享有的殊荣。傅立叶在《热的解析理论》中阐述的强有力的数学工具深深影响了整个现代物理学，推动数学分析的发展达一个多世纪，麦克斯韦称赞该书是"一首美妙的诗"。当人们咒骂《物种起源》是"魔鬼的经典""禽兽的哲学"的时候，赫胥黎甘做"达尔文的斗犬"，挺身捍卫进化论，撰写了《进化论与伦理学》和《人类在自然界的位置》，阐发达尔文的学说。经过严复的译述，赫胥黎的著作成为维新领袖、辛亥精英、"五四"斗士改造中国的思想武器。爱因斯坦说法拉第在《电学实验研究》中论证的磁场和电场的思想是自牛顿以来物理学基础所经历的最深刻变化。

在科学元典里，有讲述不完的传奇故事，有颠覆思想的心智波涛，有激动人心的理性思考，有万世不竭的精神甘泉。

二

按照科学计量学先驱普赖斯等人的研究，现代科学文献在多数时间里呈指数增长趋势。现代科学界，相当多的科学文献发表之后，并没有任何人引用。就是一时被引用过的科学文献，很多没过多久就被新的文献所淹没了。科学注重的是创造出新的实在知识。从这个意义上说，科学是向前看的。但是，我们也可以看到，这么多文献被淹没，也表明划时代的科学文献数量是很少的。大多数科学元典不被现代科学文献所引用，那是因为其中的知识早已成为科学中无须证明的常识了。即使这样，科学经典也会因为其中思想的恒久意义，而像人文领域里的经典一样，具有永恒的阅读价值。于是，科学经典就被一编再编、一印再印。

早期诺贝尔奖得主奥斯特瓦尔德编的物理学和化学经典丛书"精密自然科学经典"从 1889 年开始出版，后来以"奥斯特瓦尔德经典著作"为名一直在编辑出版，有资料说目前已经出版了 250 余卷。祖德霍夫编辑的"医学经典"丛书从 1910 年就开始陆续出版了。也是这一年，蒸馏器俱乐部编辑出版了 20 卷"蒸馏器俱乐部再版本"丛书，丛书中全是化学经典，这个版本甚至被化学家在 20 世纪的科学刊物上发表的论文所引用。一般把 1789 年拉瓦锡的化学革命当作现代化学诞生的标志，把 1914 年爆发的第一次世界大战称为化学家之战。奈特把反映这个时期化学的重大进展的文章编成一卷，把这个时期的其他 9 部总结性化学著作各编为一卷，辑为 10 卷"1789—1914 年的化学发展"丛书，于 1998 年出版。像这样的某一科学领域的经典丛书还有很多很多。

科学领域里的经典，与人文领域里的经典一样，是经得起反复咀嚼的。两个领域里的经典一起，就可以勾勒出人类智识的发展轨迹。正因为如此，在发达国家出版的很多经典丛书中，就包含了这两个领域的重要著作。1924 年起，沃尔科特开始主编一套包括人文与科学两个领域的原始文献丛书。这个计划先后得到了美国哲学协会、美国科学促进会、美国科学史学会、美国人类学协会、美国数学协会、美国数学学会以及美国天文学学会的支持。1925 年，这套丛书中的《天文学原始文献》和《数学原始文献》出版，这两本书出版后的 25 年内市场情况一直很好。1950 年，沃尔科特把这套丛书中的科学经典部分发展成为"科学史原始文献"丛书出版。其中有《希腊科学原始文献》《中世纪科学原始文献》和《20 世纪（1900—1950 年）科学原始文献》，文艺复兴至 19 世纪则按科学学科（天文学、数学、物理学、地质学、动物生物学以及化学诸卷）编辑出版。约翰逊、米利肯和威瑟斯庞三人主编的"大师杰作丛书"中，包括了小尼德勒编的 3 卷"科学大师杰作"，后者于 1947 年初版，后来多次重印。

在综合性的经典丛书中，影响最为广泛的当推哈钦斯和艾德勒 1943 年开始主持编译的"西方世界伟大著作丛书"。这套书耗资 200 万美元，于 1952 年完成。丛书根据独创性、文献价值、历史地位和现存意义等标准，选择出 74 位西方历史文化巨人的 443 部作品，加上丛书导言和综合索引，辑为 54 卷，篇幅 2500 万单词，共 32000 页。丛书中收入不少科学著作。购买丛书的不仅有"大款"和学者，而且还有屠夫、面包师和烛台匠。迄 1965 年，丛书已重印 30 次左右，此后还多次重印，任何国家稍微像样的大学图书馆都将其列入必藏图书之列。这套丛书是 20 世纪上半叶在美国大学兴起而后扩展到全社会的经典著作研读运动的产物。这个时期，美国一些大学的寓所、校园和酒吧里都能听到学生讨论古典佳作的声音。有的大学要求学生必须深研 100 多部名著，甚至在教学中不得使用最新的实验设备，而是借助历史上的科学大师所使用的方法和仪器复制品去再现划时代的著名实验。至 20 世纪 40 年代末，美国举办古典名著学习班的城市达 300 个，学员 50000 余众。

相比之下，国人眼中的经典，往往多指人文而少有科学。一部公元前 300 年左右古希腊人写就的《几何原本》，从 1592 年到 1605 年的 13 年间先后 3 次汉译而未果，经 17 世纪初和 19 世纪 50 年代的两次努力才分别译刊出全书来。近几百年来移译的西学典籍中，成系统者甚多，但皆系人文领域。汉译科学著作，多为应景之需，所见典籍寥若晨星。借 20 世纪

70年代末举国欢庆"科学春天"到来之良机，有好尚者发出组译出版"自然科学世界名著丛书"的呼声，但最终结果却是好尚者抱憾而终。20世纪90年代初出版的"科学名著文库"，虽使科学元典的汉译初见系统，但以10卷之小的容量投放于偌大的中国读书界，与具有悠久文化传统的泱泱大国实不相称。

我们不得不问：一个民族只重视人文经典而忽视科学经典，何以自立于当代世界民族之林呢？

<h2 style="text-align:center">三</h2>

科学元典是科学进一步发展的灯塔和坐标。它们标识的重大突破，往往导致的是常规科学的快速发展。在常规科学时期，人们发现的多数现象和提出的多数理论，都要用科学元典中的思想来解释。而在常规科学中发现的旧范型中看似不能得到解释的现象，其重要性往往也要通过与科学元典中的思想的比较显示出来。

在常规科学时期，不仅有专注于狭窄领域常规研究的科学家，也有一些从事着常规研究但又关注着科学基础、科学思想以及科学划时代变化的科学家。随着科学发展中发现的新现象，这些科学家的头脑里自然而然地就会浮现历史上相应的划时代成就。他们会对科学元典中的相应思想，重新加以诠释，以期从中得出对新现象的说明，并有可能产生新的理念。百余年来，达尔文在《物种起源》中提出的思想，被不同的人解读出不同的信息。古脊椎动物学、古人类学、进化生物学、遗传学、动物行为学、社会生物学等领域的几乎所有重大发现，都要拿出来与《物种起源》中的思想进行比较和说明。玻尔在揭示氢光谱的结构时，提出的原子结构就类似于哥白尼等人的太阳系模型。现代量子力学揭示的微观物质的波粒二象性，就是对光的波粒二象性的拓展，而爱因斯坦揭示的光的波粒二象性就是在光的波动说和微粒说的基础上，针对光电效应，提出的全新理论。而正是与光的波动说和微粒说二者的困难的比较，我们才可以看出光的波粒二象性学说的意义。可以说，科学元典是时读时新的。

　　除了具体的科学思想之外，科学元典还以其方法学上的创造性而彪炳史册。这些方法学思想，永远值得后人学习和研究。当代诸多研究人的创造性的前沿领域，如认知心理学、科学哲学、人工智能、认知科学等，都涉及对科学大师的研究方法的研究。一些科学史学家以科学元典为基点，把触角延伸到科学家的信件、实验室记录、所属机构的档案等原始材料中去，揭示出许多新的历史现象。近二十多年兴起的机器发现，首先就是对科学史学家提供的材料，编制程序，在机器中重新做出历史上的伟大发现。借助于人工智能手段，人们已经在机器上重新发现了波义耳定律、开普勒行星运动第三定律，提出了燃素理论。萨伽德甚至用机器研究科学理论的竞争与接受，系统研究了拉瓦锡氧化理论、达尔文进化学说、魏格纳大陆漂移说、哥白尼日心说、牛顿力学、爱因斯坦相对论、量子论以及心理学中的行为主义和认知主义形成的革命过程和接受过程。

　　除了这些对于科学元典标识的重大科学成就中的创造力的研究之外，人们还曾经大规模地把这些成就的创造过程运用于基础教育之中。美国几十年前兴起的发现法教学，就是在这方面的尝试。近二十多年来，兴起了基础教育改革的全球浪潮，其目标就是提高学生的科学素养，改变片面灌输科学知识的状况。其中的一个重要举措，就是在教学中加强科学探究过程的理解和训练。因为，单就科学本身而言，它不仅外化为工艺、流程、技术及其产物等器物形态，直接表现为概念、定律和理论等知识形态，更深蕴于其特有的思想、观念和方法等精神形态之中。没有人怀疑，我们通过阅读今天的教科书就可以方便地学到科学元典著作中的科学知识，而且由于科学的进步，我们从现代教科书上所学的知识甚至比经典著作中的更完善。但是，教科书所提供的只是结晶状态的凝固知识，而科学本是历史的、创造的、流动的，在这历史、创造和流动过程之中，一些东西蒸发了，另一些东西积淀了，只有科学思想、科学观念和科学方法保持着永恒的活力。

然而，遗憾的是，我们的基础教育课本和科普读物中讲的许多科学史故事不少都是误讹相传的东西。比如，把血液循环的发现归于哈维，指责道尔顿提出二元化合物的元素原子数最简比是当时的错误，讲伽利略在比萨斜塔上做过落体实验，宣称牛顿提出了牛顿定律的诸数学表达式，等等。好像科学史就像网络上传播的八卦那样简单和耸人听闻。为避免这样的误讹，我们不妨读一读科学元典，看看历史上的伟人当时到底是如何思考的。

现在，我们的大学正处在席卷全球的通识教育浪潮之中。就我的理解，通识教育固然要对理工农医专业的学生开设一些人文社会科学的导论性课程，要对人文社会科学专业的学生开设一些理工农医的导论性课程，但是，我们也可以考虑适当跳出专与博、文与理的关系的思考路数，对所有专业的学生开设一些真正通而识之的综合性课程，或者倡导这样的阅读活动、讨论活动、交流活动甚至跨学科的研究活动，发掘文化遗产、分享古典智慧、继承高雅传统，把经典与前沿、传统与现代、创造与继承、现实与永恒等事关全民素质、民族命运和世界使命的问题联合起来进行思索。

我们面对不朽的理性群碑，也就是面对永恒的科学灵魂。在这些灵魂面前，我们不是要顶礼膜拜，而是要认真研习解读，读出历史的价值，读出时代的精神，把握科学的灵魂。我们要不断吸取深蕴其中的科学精神、科学思想和科学方法，并使之成为推动我们前进的伟大精神力量。

任定成
2005 年 8 月 6 日
北京大学承泽园迪吉轩

目　录

弁　言 / i

导　读 / *1*

引　言 / 1

第一部分　计算机 / 1

第 1 章　模拟方法 / 3

第 2 章　数字方法 / 6

第 3 章　逻辑控制 / 11

第 4 章　混合数字方法 / 21

第 5 章　准确度 / 24

第 6 章　现代模拟计算机的特征 / 28

第 7 章　现代数字计算机的特征 / 29

第二部分　人脑 / 37

第 8 章　神经元功能简述 / 39

第 9 章　神经脉冲的本质 / 41

第 10 章　刺激的判据 / 50

第 11 章　神经系统内的记忆问题 / 56

第 12 章　神经系统的数字部分和模拟部分 / 62

第 13 章　代码及其在机器功能的控制中之作用 / 64

第 14 章　神经系统的逻辑结构 / 68

第 15 章　使用的记数系统之本质：它不是数字的
　　　　　而是统计的 / 71

第 16 章　人脑的语言不是数学的语言 / 75

附　录　数学在科学和社会中的作用 / 77

导　读

胡作玄

（中国科学院数学与系统科学研究院研究员）

• *Introduction to Chinese Version* •

　　冯·诺伊曼的一生是天才的一生，其前半生的贡献主要是在数学领域；第二次世界大战爆发后，他参与了原子弹的研制以及电子计算机的研发，而电子计算机直接影响了当代社会的发展。冯·诺伊曼无疑是信息时代的英雄。

1992 年匈牙利发行的第一张纪念冯·诺伊曼的邮票。

信息时代的英雄

冯·诺伊曼（John von Neumann）是 20 世纪最出名的数学家之一，这可能主要是由于他在电子计算机方面的开创性工作。为此，许多人甚至给他戴上"计算机之父"的桂冠。虽然计算机的研究已足以使他永垂不朽，但是单凭这方面来衡量他一生的工作就未免失之过偏，计算机方面只不过是他工作的一小部分。他在纯粹数学、应用数学、计算数学等许多分支都有重大的也往往是开创性的贡献。

冯·诺伊曼的一生也可以借用"科学元典丛书"中《控制论》《人有人的用处》的作者维纳（Norbert Wiener，1894—1964）的三本传记的书名来概括：两本是维纳的自传，分别是《昔日神童》《我是一位数学家》；一本是别人写的维纳传记《信息时代的隐匿英雄》。冯·诺伊曼的一生是天才的一生，而且前半生的贡献主要是在数学领域，他对数学的贡献有着不可忽视的影响。第二次世界大战爆发后，他参与了原子弹的研制以及电子计算机的研发，后者直接影响了当代社会的发展。冯·诺伊曼无疑是信息时代的英雄。

一、家世——匈牙利的犹太人

冯·诺伊曼 1903 年 12 月 28 日出生于匈牙利布达佩斯。当时匈牙利是奥匈帝国的一个组成部分。他的家族是犹太裔,父亲马克斯(Max von Neumann,1870—1929)是银行家,1913 年被奥地利皇帝封为贵族,于是其姓氏中出现了冯(von)字。这样,匈牙利、犹太人、银行家、贵族就成为冯·诺伊曼身世的主题词。

中国人对匈牙利也许并不陌生,它使我们联想到匈奴。匈牙利人是否为匈奴后裔,史学家仍然有争议,可是有一点很明显,匈牙利虽然地处欧洲大陆的中心,但与欧洲三大主流族群——拉丁族、条顿族(日耳曼族)、斯拉夫族都毫无亲缘关系,语言也不属于印欧语系。匈牙利人的姓名写法也同中国人一样,是姓在前、名在后,其他大部分欧洲人姓名写法则颠倒过来。

中国读者熟悉匈奴的历史。公元 1 世纪到 5 世纪,匈奴的一支由中国的北方一直打到欧洲。东汉窦宪伐匈奴,匈奴西徙。他们一溜烟跑了上万里。虽然是汉朝的手下败将,到欧洲可神气了一番。偌大的罗马帝国,连同周围的蛮族,被匈奴打得七零八落。后来的匈奴首领叫阿提拉(Attila,约 406—453),被欧洲人称为"上帝之鞭"。阿提拉去世后不久,西罗马帝国灭亡,匈奴人也不知上哪儿去了。

公元 500 年到 1000 年,这段历史就不那么清楚了。只是这 500 年的末期,里海北岸的马扎尔(Magyar)人,移居到欧洲中部,在现在的匈牙利附近定居下来。

公元 1000 年左右,马扎尔人信仰基督教,这和当时许多中欧、东欧、北欧的民族,如德国人、俄国人、瑞典人、波兰人一样。

从那时起,匈牙利的大平原以及北部、西部的丘陵就成为四邻滋扰之地。13 世纪,蒙古人来过,幸而没有西进。接着就是土耳其占了匈牙利许多土地,直到 18 世纪初才全部撤出。16 世纪初,奥地利的哈布斯堡王朝也占领了匈牙利的一部分;在18世纪初,把整个匈牙利据为己有。那时候,奥地利可是欧洲的四强(英、法、俄、奥)之一。19世纪中逐渐衰败,其强国地位最后被统一的德国所取代。

普鲁士后来迅速崛起。普奥战争、普法战争以及普鲁士最终统一德国,并把日耳曼诸国的老大——奥地利排除在外,这一切改变了欧洲的命运,改变了奥地利的命运,也改变了匈牙利的命运。所有这些都发生在奥地利皇帝弗兰茨·约瑟夫(Franz Joseph,1830—1916,1848—1916年在位)的身上。他18岁当了皇帝,在位近70年。尽管如此,一般人并不知道他是何许人也,可是很多人听说过他的皇后——美丽、善良而又薄命的茜茜(Sissy,即Elizabeth,1837—1898)公主。茜茜公主在提高匈牙利的地位上也起了重要作用。

1867年,奥地利和匈牙利成为理论上平起平坐的二元的奥匈帝国,不过奥地利皇帝兼任匈牙利国王。奥地利仍是老大,匈牙利可算是老二,这时的匈牙利比现在大多了,包括现在的斯洛伐克到克罗地亚。此后50年匈牙利迎来了它的繁荣时期,匈牙利的犹太人也有机会脱颖而出。

说起犹太人,需要长篇的历史叙述他们的不幸遭遇。19世纪中期,欧洲犹太人由西向东逐步获得"解放",也就是不再限制他们住在一定的犹太定居区中,以及可以受一定的教育。不过在东欧,特别是俄国,排犹事件屡有发生。19世纪末到20世纪初,如何对付犹太人使俄当局大伤脑筋。1906年,俄国的财政大臣说,犹太人太机灵,以至于常常超越限制他们的任何法律。于是当局采取"三三制"的方法:让三分之一的犹太人皈依东正教,把三分之一的犹太人驱逐出境,把另外三分之一的犹太人杀死。其他国家做法大同小异,只是没有俄国那么残酷。被驱赶的犹太人到哪里去呢？哪里是犹太人的天堂呢？一个是美国纽约，一个就是匈牙利的布达佩斯。

布达佩斯成为"欧洲的耶路撒冷"看来是挺奇怪的事。实际上，在不同文化中生存是绝对不容易的事。匈牙利的犹太人尤其如此。在中欧，只有匈牙利人抵抗住周围欧洲的文明，顽强地使匈牙利文化坚持下来，而外来的犹太人要在这种双重压力下生存则更加艰难。随着匈牙利地位的提升，匈牙利大地主、大贵族仍然占有大量的土地，而工业发展为犹太人提供了经商致富的机会，他们成为城市的资产阶级，经营银行、工商业、外贸、各种制造业。富起来的犹太人子弟可以受到很好的教育，成为精英阶层。这样一来，连保守的奥地利皇帝也不得不对他们另眼相看。在一个封建贵族占统治地位的国家，他们靠贵族头衔与有钱人达成妥协，整个 19 世纪不到100 家犹太人受封为贵族，而 20 世纪的前 13 年间已有 220 家受封，冯·诺伊曼的父亲就是其中之一。

匈牙利人，特别是其中占 5% 的犹太人并没有浪费 1867 年到 1918 年这 50 多年的大好时机。这样一个小国家 50 多年间产生出高比例的文化名人，而其中绝大多数都是犹太人。

这简直是一个奇迹，1900 年前后涌现了一大批有国际声望的大科学家："超声速航空之父"冯·卡门（T. von Kármán，1881—1963），原子弹的首倡者齐拉（L. Szilard，1898—1964），"氢弹之父"特勒（Edward Teller，1908—2003）。当然，20 世纪最显赫的科学界荣誉莫过于诺贝尔奖了，百年之中，匈牙利裔的科学家有 6 人获奖（作为对比，华裔科学家及日裔科学家各有 6 人获奖），他们是"全息术之父"伽博（Dennis Gabor，1900—1979，1971 年获物理学奖），冯·诺伊曼的好友维格纳(Eugene Wigner,1902—1995,1963 年获物理学奖),因研究维生素 C 而出名的圣·乔奇(Szent-Györgyi von Nagyrapolt,1893—1986,1937 年获生理学或医学奖),发现示踪原子方法的海维希(György von Hevesy,1885—1966, 1943 年获化学奖),弄清耳朵(具体讲是耳蜗)为什么能听到声音的贝凯西(Georg von Békésy,1899—1972,1961 年获生理学或医学奖),以及耳科学的创立者之一巴拉尼(Róbert Bárány,1876—1936,1914 年获生理学或医学奖)。

当然匈牙利也产生了许多其他文化名人。最著名的有诗人裴多菲(Sándor Petöfi,1823—1849),他的诗"生命诚可贵,爱情价更高……"在中国脍炙人口,不过他是老一代的人物了。新一代的人物有:作家库斯勒(Arthúr Kösztler,1905—1983),他还特别研究天才创造性劳动;西方马克思主义的奠基人卢卡奇(György Lukács,1885—1971);经济学家卡尔多(Nicholas Kaldor,1908—1986)。有意思的是,匈牙利人的发明往往和一般老百姓的生活密切相关:鲁比克(Ernö Rubik,1944—　　)发明的魔方,在 20 世纪 80 年代风行全世界;圆珠笔是拜罗(Laszlo Biro,1900—1985)发明的,拜罗在英国不仅是商标的名字,而且还成了圆珠笔的代名词。

国际政治、经济界也逐渐有匈牙利裔名人涌现。著名的"金融大鳄"索罗斯(George Soros,1930—　　),是匈牙利裔犹太人,我们不应该忘记他也是捐款最多的慈善家之一。当然,曾任法国总统的萨科齐(Nicolas Sarkozy,1955—　　)也有匈牙利血统。至于数学家就更多了,比如古典分析大师费耶(Lipot Fejer, 1880—1959),美籍匈牙利数学家波利亚(George Pólya,1887—1985),匈牙利数学家赛格(Gabor Szëgo,1895—1985),泛函分析的缔造者之一里斯(Frigyes Riesz,1880—1956),里斯的弟弟、数学分析专家迈克尔·里斯(Marcel Riesz,1886—1969),因哈尔测度而知名的,率先解决了极小曲面的问题的拉多(Tibor Radó,1895—1965)。此外数论专家爱尔特希(Paul Erdös,1913—1996),匈牙利数学家瑞尼(Alfréd Renyi,1921—1970)也都是国际知名的一流的数学家。后来匈牙利仍然一代一代产生出大数学家,如阿贝尔奖获得者拉克斯(Peter Lax,1926—　)以及曾任国际数学联盟主席的洛瓦斯(László Lovász,1948—　)。不管怎么说,冯·诺伊曼是他们中间的佼佼者。

二、天才的成长(1903—1921)

冯·诺伊曼出生时,父亲马克斯已是一位富有的犹太银行家。1913 年,还荣获贵族封号,这成了他们姓中 von(冯)的来源。约翰是马克斯三个儿子中的长子,他的弟弟迈克尔(Michael von Neumann)和尼古拉斯(Nicholas von Neumann)分别于 1907 年和 1911 年出生。他一出世就受到各方面的关心和照顾。他从小就接受家庭教师的教育,很快就掌握了德语和法语。他的父亲十分关心儿子的成长,很早就注意到他智力不同寻常:他有惊人的记忆力、理解力、心算能力、语言能力以及创造才能,的的确确是一个全面的天才。他不只小时是神童,而且许多"超人的"能力一直保持到成年。

他有过目不忘的能力,只要看一眼电话号码本,他就能把人名、住址、电话号码记得牢牢的。以至于后来在纽约曼哈顿区,他也根本不用厚厚的电话号码本。当然这也许是机械记忆,不足为奇。可是,他还能把整段、整章的小说背诵得一字不差。

他 6 岁就会心算 8 位数除 8 位数,后来对于公式的运算也能很快在头脑中进行。可是,早在一百多年前,数学家早就不把计算尤其是心算才能当成什么了不起的事了。大数学家庞加莱就常常以自己做加法总要出错而"自豪"。数学才能更多地表现在抽象概念理解力、逻辑推理思维能力,以及解决问题的能力等方面。而在这些方面,冯·诺伊曼也早就显示出非凡的能力。8岁时,他在别的小孩刚上小学学加减乘除的时候就已经掌握了微积分;到12岁,他已能读懂法国大数学家波雷尔(E. Borel,1871—1956)的专门著作《函数论》了。

1914年,也就是第一次世界大战爆发那年,他进入路德教会中学学习。这所学校是布达佩斯最好的三所中学之一,学生中近一半是犹太人。没几天,富有责任心的数学老师拉兹(Ladislas Ratz)就告诉马克斯,小约翰的数学才能过人,建议请大学教师个别辅导以全面发展他的天才。经拉兹的介绍,年轻数学家费凯特(M. Fekete,1886—1957)定期到冯·诺伊曼家里进行辅导。中学快毕业时,冯·诺伊曼和费凯特合作,对布达佩斯大学费耶教授的一个分析定理加以推广,这项研究使冯·诺伊曼完成了第一篇学术论文,当时他还不到17岁。后来费凯特一直局限在古典分析这个狭窄领域里进行研究,而冯·诺伊曼很快深入最新的数学——20世纪的数学——集合论、测度论、泛函分析等新分支中去。早在中学时,他已经开始自学这些课程。

除了数学课之外,冯·诺伊曼还跟同学一起学习其余课程,一起参加各种活动。他功课很好,但也不是门门得A,制图课他就只得了B。他体育也不太好,不太喜欢户外运动,只是在冬天偶尔出去滑雪。他喜欢聊天,维格纳比他高一年级,他们经常在一起谈数学,一谈起来就没完了。他喜欢下棋,但也不是总赢。他和大家相处得很好,但和谁也没有过分亲密的关系。这一方面由于他感情不轻易外露,另一方面也由于他有许多额外的精神需要,除了数学,他如饥似渴地读历史。他从小就喜欢历史,小时候就开始读德国历史学家翁肯(Wilhelm Oncken,1835—1905)编写的 45 卷《通史》。他熟知千年拜占庭的历史,对美国历史也非常熟悉。有一次去杜克大学开会,他和同伴经过美国南北战争的战场,他对于这场战争的细枝末节都说得一清二楚,使美国人都惊叹不已。他对历史的超人洞察力,对他后来的战略思想至关重要。他还通过阅读文学作品学习语言,年老时还能背诵《双城记》中前十几页。而在这些方面,没有游伴能完全满足他,这也许就是所谓"天才的孤独"吧!

1918 年年底,奥地利哈布斯堡王朝覆灭,第一次世界大战以同盟国的失败而告终。1919 年 3 月,贝拉·库恩(Bela Kun)建立起苏维埃革命政府,首先采取的政策就是没收银行。革命爆发后还不到一个星期,冯·诺伊曼全家就逃离匈牙利。1919 年 8 月,霍尔蒂在外国军队的干预下,推翻革命政府,建立独裁政权。他们歧视犹太人,歧视知识分子,镇压左翼同情者。冯·诺伊曼一家从国外回来,他继续上学,父亲继续开银行,可是大战以前的好时光一去不复返了。1921 年,冯·诺伊曼参加中学毕业会考,同时获得了厄特沃什(Eötvös)奖。后来,他又在匈牙利的数学竞赛中轻而易举地得到第一名。

有天才的人未必有成就,有成就的人未必有天才。幸运的是,冯·诺伊曼兼具天才和成就于一身。他没有像罗素那样在家自由放任,也没有像维纳那样越级跳班受到许多额外功课的压力。冯·诺伊曼按部就班上中学,在课余吸收了大量的知识。他有如此超强的自学能力,以至于任何书本知识、任何考试对他来说都是小菜一碟。

三、大学时代(1921—1926)

中学毕业后自然要上大学。父亲知道冯·诺伊曼有志于学数学，但是出于未来就业上的原因劝他放弃，匈牙利只需要几位数学家就够了。有钱的犹太人都会培养自己的子弟上大学，但匈牙利的大学资源相对有限，要获得最好的教育，非得去国外的一流大学不可。作为父子妥协的结果，冯·诺伊曼答应到国外攻读化学。布达佩斯大学欢迎他去，入学要的"清白记录"也不成问题。但是，他深知匈牙利并非久留之地，只有德国、瑞士等地才是真正的科学乐园。因此，从1921年中学毕业之后，德国成为他成长的主要地方。

1921年到1925年，冯·诺伊曼在布达佩斯大学注册数学博士研究生，但他从来没有在那听课，只是学期末参加考试。从1921年到1923年，他主要在柏林大学学习化学，而从1923年到1925年主要在瑞士著名的联邦工业学院上课。虽然1925年他在联邦工业学院拿到化学工程文凭，但是他主要听的还是数理方面的课程（如1922年他在柏林听过爱因斯坦统计物理学的课），并同各地数学家交往。当时，他主要受施密特（E. Schmidt, 1876—1959）和外尔（H. Weyl, 1885—1955）的影响。他们都是希尔伯特的学生，他们的早期工作都受到希尔伯特思想的巨大影响。施密特把希尔伯特的积分方程理论抽象化，后来，这成为希尔伯特空间概念的来源。外尔则是希尔伯特的谱理论的继承人。同希尔伯特一样，外尔对当时新兴的理论物理学极有兴趣，而且致力于把数学应用于解决相对论、量子论及古典物理的问题。冯·诺伊曼的早期工作反映了希尔伯特和外尔的共同之处，他们都相信数学在发现物理学的普遍规律方面作用极大,反过来,物理学也是启发最好的数学思想的源泉。

冯·诺伊曼还直接受到希尔伯特的巨大影响。在大学时期,他有时到格丁根去拜访希尔伯特,这两位相差四十多岁的数学家,常常一起在希尔伯特的花园或书房交谈好几个小时。希尔伯特对数学及物理学的公理化思想,以及他当时对数学基础以及对物理学的兴趣都大大影响了冯·诺伊曼,并决定了他早期工作的方向。

在1921年到1926年,冯·诺伊曼并没有放弃数学;相反,他在布达佩斯大学申请做博士生,这个时期主要研究方向是数理逻辑。1926年春天,他取得布达佩斯大学博士学位,论文题目是《集合论的公理化》。实际上,他在上大学时期就已经对数学基础进行了系统的研究,并发表了几篇论文。

冯·诺伊曼吸收希尔伯特的公理化思想,致力于把集合论的基本概念弄清楚并加以公理化。小小年纪,他就已经深入思考当时这类头等重要的问题了。

冯·诺伊曼喜欢公理化的道路,这预示了他今后从事数学研究的主要方法。在这方面,早在1908年策梅洛(E. Zermelo,1871—1953)已经提出了一个公理系统,这个系统基本上正确,经过弗兰克尔(A. Fraenkel,1891—1965)等人改进以后成为著名的ZF系统,这是集合论中最常用的公理系统。年轻的冯·诺伊曼很欣赏公理化这条路,但是他对策梅洛的公理系统进行了一些根本上的修改。他把论文送到《数学杂志》发表,当时该杂志的编辑施密特请弗兰克尔审稿。当时冯·诺伊曼还是名不见经传的年轻人,可是弗兰克尔从文章中就看出作者身手不凡。审稿者当时不能完全理解这篇文章,于是邀请冯·诺伊曼到马堡大学来。他们讨论了许多问题。因为原来那篇文章不好懂，弗兰克尔建议他写一篇短文来阐述自己的方法和结果，这就是《集合论的一种公理化》，1925年发表在弗兰克尔担任编辑的《纯粹与应用数学杂志》上。而原来的论文《集合论的公理化》一直到1928年才发表。这些论文也是他1926年在布达佩斯大学的博士论文的基础。

当时，关于数学基础的论战非常热闹，冯·诺伊曼坚决支持希尔伯特的形式主义路线，反对逻辑主义和直觉主义。1930年，在德国哥尼斯堡的会议上，冯·诺伊曼对形式主义做了系统总结报告。希尔伯特提出了证明算术及分析的无矛盾性的计划，冯·诺伊曼完成了在特殊情形下的算术无矛盾性的证明，但分析的无矛盾性的证明总是不成功。冯·诺伊曼那时每天工作到深夜，上床睡觉之后还常常半夜醒来。有一次他梦见有办法克服全部困难，于是起身将梦到的内容写下来。不过最后他还是发现有一个漏洞补不起来。他后来开玩笑说："数学是多么走运呵，因为我第三个晚上没有做梦。"冯·诺伊曼关于数理逻辑的工作对以后计算机及自动机理论有着不可忽视的影响。

四、研发计算机（1944—1955）

尽管冯·诺伊曼在原子弹的研制方面有重要贡献，但毕竟只是个配角。一个偶然的机会把他引向20世纪后半期最重要的科学与技术——研究电子计算机。在这一领域，他再一次发挥独创精神，成为计算机科学、计算机技术、数值分析的开创者之一。

1944年夏天，哥德斯坦（Herman Goldstine，1913—2004）从阿伯丁医院出来，到火车站等去费城的火车，正巧碰上了冯·诺伊曼。哥德斯坦早就听说过这个世界闻名的大数学家。他怀着年轻人会见大人物那种惴惴不安的心情走近冯·诺伊曼作自我介绍,开始攀谈起来。冯·诺伊曼热情友好,毫无架子,很快就使他不觉得拘束,大胆地谈起自己的工作来。当冯·诺伊曼知道他正在搞每秒能算 333 次乘法的电子计算机时,谈话气氛一下子变了。冯·诺伊曼严肃而认真地询问,使哥德斯坦觉得好像又经历了一次博士论文答辩。当然,冯·诺伊曼从中看到了具有头等重要意义的大事。

早在第一次世界大战时期,美国已有马里兰州阿伯丁试验场弹道实验室研究火炮的弹道计算。这是武器研发最重要的课题之一。但美国缺少能快速处理大量数据的计算机。1943 年以前,受阿伯丁试验场弹道实验室的委托,建造第一台电子计算机的工作正式在费城宾夕法尼亚大学莫尔学院启动。这就是"电子数字积分计算器"(Electronic Numerical Integrator and Calculator,ENIAC)。主要研制者是工程师艾克特(J. P. Eckert,1919—1995)及物理学家莫克莱 (J. Mauchly,1907—1980)。冯·诺伊曼急不可耐地想要看看这台尚未出世的机器。他很快就得到同意。艾克特说,他能够从冯·诺伊曼提的第一个问题来判断他是否是位真正的天才。1948 年 8 月初,冯·诺伊曼来了,他一看就问起机器的逻辑结构,而这正是艾克特所谓天才的标志。从那时起,冯·诺伊曼就成为莫尔学院的常客了。他同 ENIAC 的首批研制者们进行认真而活跃的讨论,问题集中在 ENIAC 的不足之处。他们考虑研制一台新机器——电子离散变量自动计算机(Electronic Discrete Variable Automatic Computer,EDVAC)。

1945 年 3 月,冯·诺伊曼起草 EDVAC 设计报告初稿,其中已有计算机与神经系统的对比,这为后来的自动机研究埋下伏笔。这份报告对后来的计算机影响很大,其中主要确定计算机由计算器、控制器、存储器、输入、输出五部分组成,介绍了采用存储程序以及二进制的思想。虽然冯·诺伊曼的参与开辟了电子计算机的新时代,但这台机器却长期停留在设计层面。一直到1952年才正式建成,那时存储程序计算机已经造出不少台了。原来到1945年年底,ENIAC完成之后,研制人员就因为优先权问题而争吵起来,莫尔学院的研制小组于是陷于分裂。两位技术专家艾克特和莫克莱自己开公司,从事计算机研制及大规模生产。而冯·诺伊曼、哥德斯坦等则回到普林斯顿高等研究院,开始新一轮合作。

五、计算机科学及应用

电子计算机的历史意义是怎么强调也不过分的,但是与其他人不同,冯·诺伊曼对于电子计算机的贡献是全方位的,主要可分为以下几方面。

1. 电子计算机的设计

电子计算机的革命作用以及冯·诺伊曼所起的作用已是众所周知的了。冯·诺伊曼对计算机设计作了根本的改进(特别是程序内存的思想),以致现在几乎所有计算机均为冯·诺伊曼型计算机。许多人提到的非冯·诺伊曼型计算机至今还不成熟,而且也依赖于他的自动机思想。他的另一个重要思想是区分硬件和软件,虽然软件这词一直到20世纪60年代后期才出现。

早在1946年,冯·诺伊曼和哥德斯坦研究编程序的问题时,就发明所谓"流程图"来沟通数学家要计算的问题的语言和机器的语言。

他们采用一些子程序,而且采用自动编程序的方法把"程序员"的语言翻译成机器语言,这样大大简化了程序员编制程序的烦琐步骤。

从某种意义上来讲,冯·诺伊曼是现代数值分析、计算数学的缔造者之一。他对计算机的各种可能性进行了广泛的研究和探索,特别是对于计算机广泛使用的线性代数的计算的研究(比如求解高阶线性方程组、求特征根、矩阵求逆等),设计了计算程序,研究了误差范围。他最感兴趣的是流体力学问题。要把连续问题化成计算机能做的离散问题就必须考虑数值稳定性,也就是离散方程的解收敛于原来解的问题,以及误差的积累和传播的问题。为了解决这个问题,他做了大量奠基性的工作。由于有了计算机,还要发展适合于计算机的算法,特别值得一提的是他协助乌拉姆(Stanislaw Marein Ulam,1909—1984)等人发表了蒙特卡罗(Monte-Carlo)算法(1949年首次发表),这种方法是把数值计算问题化为统计抽样问题,通过大量抽样而计算出结果来。

冯·诺伊曼念念不忘使用计算机"摸规律",由于他的早逝没能完成这方面的工作。费米(Enrico Fermi,1901—1954)、乌拉姆等人在他的影响下于1954年进行著名的非线性谐振子计算机实验。这个实验经过改进,在1967年终于得到浅水波方程的孤立子解,由此显示了计算实验的伟大启发力量。

现在对冯·诺伊曼串行计算机的最大改进是并行计算机的开发与使用,可是,最早提出并行计算观念的还是冯·诺伊曼。直到今天,我们还没有跳出这位天才的思想领域。

2. 计算机的应用

本来设计计算机是为了用来计算弹道的,但第一台电子计算机

(ENIAC)问世时,第二次世界大战已经结束。这时,冯·诺伊曼就以非凡的远见卓识,为计算机找到新的用场。电子计算机第一项重大贡献是数值天气预报,这完全是冯·诺伊曼亲自组织以及与气象学家密切合作的结果。

1946 年,冯·诺伊曼刚回到普林斯顿,就把数值天气预报作为考验电子计算机的头号课题。这个选题非常合理,因为:

(1) 天气预报的基本方程组是流体动力学方程组,人们一直对它的解析解无能为力,而且只有通过计算机才能对解的性质有一些了解。

(2) 天气预报无疑有极大的实用价值。

(3) 1922 年,英国应用数学家理查森(Lewis Fry Richardson,1881—1953)已经提出一个合理的数学模型,只是由于计算太慢,当天的天气只能在后天或大后天才能报出来,只有快速的计算机才能完成提前预报天气的任务。

(4) 数值预报必定使大规模科学计算的问题暴露出来,从而促使冯·诺伊曼建立有效的数值方法和数值分析,其中首要的问题是误差的来源和误差的传播,它可能造成计算的不稳定性,同时误差可能放大到同数据相同的数量级,使得计算结果完全没有意义。

1948 年,气象学家查尼(J. G. Charney,1917—1981)来到普林斯顿。他对流体动力学方程组进行适当简化,排除掉对应于高速声波和重力波的解,而其余的解保持不变。这样他不仅简化了方程,而且绕过引起不稳定的因素,从而把问题带入可计算的范围。1948 年秋天,冯·诺伊曼和查尼等进一步研究地球表面的影响。1949 年,他们设计出数值实验、数值方法都用差分法的方程,计算的稳定性满足库朗等

人在 1928 年提出的条件,初始条件取自北美上空的数据,程序由冯·
诺伊曼等人设计。1950 年 4 月用 ENIAC 成功地进行计算,得出精确
的结果。其后把这个最简单的方程推广,加入更多的实际效应,得出
简单的三维模型。1953 年,在普林斯顿用计算机 MANIAC 进行实
验,已能预报风暴的发展。由于以冯·诺伊曼为首的科学家的努力,
从 1954 年起,天气预报成为例行公事。

3. 发展数值分析(Numerical Analysis)

电子计算机使大规模数值计算成为可能,但也带来不少理论问
题。首要的问题,是经大量计算后,减少(舍入)误差的积累对结果精
确度的影响。计算机的算法必须误差影响小,也就是具有数值稳
定性。

1946 年,冯·诺伊曼、伯格曼(S. Bergman,1898—1977)和蒙哥马
利(D. Montgomery,1909—1992)为美国海军部写了一份报告《高阶线
性方程组求解》,但未发表。1947 年,冯·诺伊曼和哥德斯坦发表《高
阶矩阵数值求逆》,首先对线性方程组高斯(Carl Friedrich Gauss,
1777—1855)消去法进行误差分析而开辟了数值分析这一领域。同年
美国国家标准局建立国家应用数学实验室,并建立数值分析研究所。
冯·诺伊曼这些开创性的工作以及一系列研究机构的建立都表明数
值分析脱离传统的数学分析而成为独立分支。在此之前,一系列的计
算方法[如有限差分法、黎茨(Ritz,1878—1909)方法等]虽已发明,但
是不一定适用于计算机。此后,冯·诺伊曼特别着重于研究计算机计
算方法,他的工作为科学与工程计算奠定了基础。

4. 建立新算法

蒙特卡罗算法与传统的数学算法完全不同,是靠掷骰子来求近似

值的。这种思想早在 18 世纪就有，维纳也曾有过类似想法。1945 年
年底，乌拉姆首先想到，后来同冯·诺伊曼多次讨论而使蒙特卡罗算
法成为一个有效的、适用于计算机的算法。用他们的话来说，这是"使
用随机数来处理确定性问题的方法"。1949 年，蒙特卡罗算法正式发
表之后，引出大量理论研究及应用。它几乎可以用于所有的问题及领
域，在高维问题（例如求高维区域的体积）有着其他方法无法比拟的优
点，而且用来解决许多问题时是其他方法无法替代的。

　　蒙特卡罗算法的意义不仅仅在于它是一个优秀的算法，还在于它
开辟了与数值计算完全不同的道路，即非决定模型和随机算法。无论
是人计算还是计算机计算，错误及误差是经常存在的，而且并不像人
们所想象的那样容易被消除。现在，随机算法已经是一个不可忽视的
重要领域。

　　5. 开拓自动机理论

　　冯·诺伊曼晚年的兴趣在于发展一般的自动机理论，这可以看成
他早期对数理逻辑的工作以及他以后对计算机研制工作的综合。其
中他研究了两个最复杂的问题：一是如何用不可靠的元件来设计可靠
的机器；二是如何建造自繁殖机。自动机理论是计算机的理论模型，
也是改进计算机功能的必经途径。在人们对新生的计算机赞叹不已
时，冯·诺伊曼已远远走到他们的前头，他在思考：计算机怎样才能成
为名副其实的电脑？他没有来得及完成他一生最后一项大计划，但遗
留下来的思想还在继续指导今后的工作。他把机器和人脑进行了细
致的比较，明确指出人脑与计算机显著不同之处是它由不可靠元件组
成可靠的机器，他预示了信息传输理论、编码理论、可靠性理论乃至模
糊数学理论。他还提出两种方法去设计网络，使错误减到某固定值之

下。此外,冯·诺伊曼还研究自繁殖机并且设计了两套模型,其中第二套模型是无穷方阵,在结点处是"细胞"——它具有 29 个可能的状态,每个细胞的状态由前一时刻的四个相邻细胞的状态决定。这样整个细胞阵列就可以由原来某种静寂(死)状态变成活状态,从而达到"活"细胞的繁衍增殖。他还考虑这种自繁殖机的"进化"问题,这里他考虑了复杂性问题——这也是现代计算机科学一大热门,同时对比生物体提出了这种自动机的临界大小问题。

《计算机与人脑》的思想和方法

《计算机与人脑》是在 1958 年出版的,此时冯·诺伊曼已去世。这本来是他为耶鲁大学西利曼讲座(Silliman Lectures)准备的讲稿,讲演原定在 1956 年春天举行,但由于冯·诺伊曼在 1955 年 10 月被查出患有癌症,未能去讲演,讲稿也没有写完。但单就现存的这两部分,已经可以看出冯·诺伊曼对这个问题的关注以及他的一些想法。

其实,冯·诺伊曼考虑的问题可以追溯到很久以前,其中涉及许多至今未能很好解决的基本问题:

——大脑是如何工作的?

——机器能否有思维?

在计算机已经空前普及的今天,把电子计算机(常常形象地译成电脑)与人脑进行比较更是十分自然的事:

——机器能思考吗？也就是它是否自动产生思想？

——是否有朝一日，机器的智能会超过人类？

这里面当然还牵涉更深入的问题，例如：人类大脑能否进化？人脑与电脑能否耦合，使人脑更聪明？等等。

冯·诺伊曼在考虑这些问题时，并没有把自己局限于大脑乃至神经系统之中，他考虑问题的范围还包括"什么是生命""生命的本质是什么""生命是如何运作的""能否用机器模拟生命"等问题。他的一些研究成果可散见于他的著作手稿和信件之中。

一、主要思想

冯·诺伊曼的《计算机与人脑》篇幅不大，但思想丰富，对后来的理论与实践产生了不可忽视的影响。

1. 给研究像生物体以及神经网络这种复杂的对象提供了一种全新的研究方法

冯·诺伊曼在引言中明确地提出"本书是从数学家的角度去理解神经系统的一个探讨"。我们必须看到，这种探讨方法与传统方法根本不同。在物理学中，我们十分熟悉的方法是对所研究的物理系统，建立一个理想化的模型，这个模型在可处理的情况下，可以得出各种物理量之间的关系，这些关系通常用微分方程来表示。这样最后所需要的结果都可以通过求解这些方程得到。要知道，这种方法获得了空前的成功。牛顿力学、麦克斯韦电磁理论乃至爱因斯坦的相对论与量子物理学都是这样。从理论的角度来看，问题到此已大功告成，剩下的是数学家的事了。然而，数学家也不能解决所有的方程，特别是非线性方程,例如冯·诺伊曼多次提到的流体力学方程。而务实的科学家还是需要得到具体的结果,他们对那些满足于抽象化的专门数学家不以为然。1940年,著名空气动力学家冯·卡门写了一篇长文《科学家同非线性问题奋力拼搏》。冯·诺伊曼是务实的数学家,他给出了解决问题的新方向——利用计算机。另一方面,一些像冯·诺伊曼那样既能搞理论,又能搞应用和计算的数学家(如拉克斯)也解决了一系列非线性问题,第一个得到解决的是浅水波方程(KdV方程)。

对于复杂的现象,例如生物学中的问题,也有人用物理学的方式去研究,的确也产生了少量的微分方程。但是,这些模型不是过于简单,就是无法求解。而且这种严格的、精确的数学不大适合研究不那么精确的生命现象。这样,冯·诺伊曼采用模拟的方法并用已经大量存在的计算机及数学模型来应对这种复杂的生命现象,看看是否合适。如果合适,由于对计算机以及数学模型的了解,自然就对要研究的生命现象有所认知了。

从复杂的神经系统看来,我们造出的数字计算机和模拟计算机显得十分简单。这样我们只需比较简单的电脑以及复杂的人脑就可以对人脑有初步的了解了。

这样,冯·诺伊曼从最简单的电脑开始研究。当然,现在电脑的复杂性大大增加,不过基本的思想还离不开冯·诺伊曼提出的一些理念。

2. 模拟方法与数字方法

冯·诺伊曼在书中多次提到模拟与数字这两种不同的方式。他指出,"现有的计算机,可以分成两大类:'模拟'计算机和'数字'计算机。这种分类是根据计算机进行运算时表示数目的方法而决定的"。

除了数目显示之外，还有指令、存储以及各种控制方式。

冯·诺伊曼之所以强调数字和模拟的区别，主要在于他提出了混合计算机模型，即混合数字和模拟两种原则的计算机，而这正好是神经网络的特点。正是因为神经网络具有混合计算机的特征，单独用数字计算机的模型，如麦卡洛克-皮茨模型就显示出其不足之处。换句话说，神经系统没那么精确，而混合计算机也没那么精确。因此，冯·诺伊曼自然谈到误差问题，也就是精确度问题。他对当时模拟计算机和数字计算机的描述已是数十年前的事了，不过，他用的词汇并不过时。现在的人对此应该是耳熟能详的。

3. 大脑的混合结构

《计算机与人脑》第二部分是人脑。人脑是经过上亿年进化所形成的最复杂的自然结构。20世纪50年代，对于人脑的结构与功能的了解已有长足的进步，但其中许多奥秘远未为人所知。有着关于计算机的知识，冯·诺伊曼对电脑与人脑的相同与不同之处进行了深入比较。他已经明确注意到计算机与神经网络的相似之处在于，它们具有混合计算机，即兼有数字计算机和模拟计算机的特点。显然，这是一种极大的简化，可是即便是这种简化也对神经系统的复杂性有不少启发性的认识。冯·诺伊曼很明确它们之间的差别，他也经常强调其中的重要差别。

首先，他从表面的一些数据进行比较，神经元的数据差别不大，但计算机人造元件现在比50年前差别巨大。不过，他得出的结论仍有参考价值。

按照大小，天然元件比人造元件远为优越，当时的比例系数是 10^8～10^9，体积比较与能量消耗比较，这个系数大体也是如此。

按照运行速度,人造元件比天然元件要快,当时的系数是快 $10^4 \sim 10^5$ 倍。

两相比较,神经系统比计算机的优越之处在于天然元件数量大却运行缓慢,而人工元件虽然运行快,但数量较少。这只是表面上的原因。冯·诺伊曼指出,天然系统的优越性主要是源于天然系统组织的高度的并行性。而当时的有效计算机,基本上都是串行的。

在这里,他提出了"逻辑深度"的概念,也就是为了完成问题的求解过程所需进行的初等运算的数目。天然的人脑并行处理所需逻辑深度要比他当时估计的计算机的逻辑深度(约 10^7 或更大)小得多。

现在的计算机结构体系都是冯·诺伊曼制定的。其中一个最主要部分是存储器,这相当于神经系统的记忆。他明确地指出:"我们在人造计算自动机方面的所有经验,都提出和证实了这个推测。"这也表明冯·诺伊曼方法的优越性。根据这个假定,他估计出了神经系统的记忆容量。他估计的结果为:人的一生所需的记忆容量为 2.8×10^{20} 位,远远超过当时计算机的容量 10^5 位到 10^6 位。长期以来,他对基因的信息理论很感兴趣,但我们还没有充分资料来证明他的见解。本书中讲道:"基因本身,很显然地是数字系统元件的一部分。但是,基因可发生的各个效应……却是属于模拟领域的。这就是模拟和数字过程相互变化的一个特别显著的例子。"单就基因研究来看,这句话真是惊人的准确;然而,就基因与神经系统关系来讲,这些想法当然太过简单了。

4. 大脑的信息加工

《计算机与人脑》最后四章十分简短,但包含了丰富的思想。大脑的基本功能就是进行信息处理或信息加工,计算机当然也是。从信息论的角度来看,处理信息的基本问题就是编码,计算机的编码问题不在话下,神经系统当然远为复杂,更不用说如何理解语言及用语言进行思考了。冯·诺伊曼关注的基因密码问题可以说原则上已得到解决,而大脑的编码问题当然远为复杂。冯·诺伊曼为解决这个问题,提出了把代码区分为完全码和短码。完全码像计算机的代码那样,由一套指令构成,控制计算机去按规则解决问题。除此之外,他提出短码的概念,其目的是使一台机器可以模仿任何其他一台机器的行为。实际上可以把短码看成一种翻译码,它把其他机器的语言翻译为自己的语言,这样就可以在自己机器上实现其他机器的指令,完成必要的工作。

冯·诺伊曼提出的另外一个概念是算术深度。算术运算一般是串行运算,算术深度即这种基本运算的长度。数字计算机计算一般是准确的,然而,神经系统的模拟性质造成了误差,而且随着计算步骤进行,误差会积累和放大。冯·诺伊曼认为神经系统中所使用的记数系统并不是数字的,而是统计的。它使用另一种记数系统,消息的意义由消息的统计性质来传达。这样,虽然算术的准确性较低,却可以通过统计方法提高逻辑的可靠程度。他还进一步设想,是否还有其他的统计性质也可以作为传送信息的工具?

这样,他最后得出结论:人脑的语言不是数学的语言。"神经系统基于两种类型的通信方式:一种是不包含有算术形式体系,一种是算术形式体系。也就是说:一种是指令的通信(逻辑的通信),一种是数字的通信(算术的通信)。前者可以用语言叙述,而后者则是数学的叙述。"

这样,他得出更为深远的哲学结论:

①"语言在很大程度上只是历史的事件。"

②"逻辑和数学也同样是历史的、偶然的表达形式。"注意,他先说这是合理假定,现在又强调是表达形式。

③"中央神经系统中的逻辑和数学,当我们把它作为语言来看时,它一定在结构上和我们日常经验中的语言有着本质的不同。"

④"这里所说的神经系统的语言,可能相当于我们前面讲过的短码,而不是相当于完全码。"

二、思想来源

冯·诺伊曼对电脑与人脑的比较的思想背景,概括起来,可以归结为下面三个来源。

1. 数学来源

冯·诺伊曼归根结底是大数学家,他不到 20 岁已经受到希尔伯特的公理化思想以及元数学或数理逻辑的思想影响。他十分明确地意识到数学中离散与连续的对立。他对新兴数学中结构观念的理解,特别是他对量子力学公理化及数学化的成功经验,都推动他对于更复杂的问题——特别是涉及生物学问题——使用数学方法。然而,数学对于大多数人来说,甚至对不同研究方向的数学家来说,都是令人不快又不解的理论,即使到现在,这种状况也没有得到多少改变。冯·诺伊曼在有些场合回答别人所提出的问题,其中许多是涉及提问者不能理解数学的本质及数学的思维方式的问题。尽管如此,由另一位大数学家维纳和冯·诺伊曼开创的广义的控制论运动,即包括冯·诺伊曼的电子计算机的大量工作,还是实实在在地改变了整个社会,尽管还没那么深刻地改变人们的思维方式。

2. 1943 年开展的控制论运动

控制论的建立以维纳在 1948 年出版的《控制论》为标志,但是带有宣言性质的两篇论文都是在 1943 年发表的。一篇是麦卡洛克(Warren McCullock,1898—1969)和皮茨(Pitts Walter,1923—1969)发表的《神经系统中普遍存在的原理的逻辑演算》,另一篇是维纳、毕格罗(Julian Bigelow,1913—2003)和罗森布吕特(Arturo Rosenblueth,1900—1970)合著的《行为、目的和目的论》。

前一篇论文可以看成冯·诺伊曼工作的前奏之一。这篇论文实际上给出神经系统,即由神经元组成的一个简化的网络模型。后来,冯·诺伊曼称之为形式神经网络。在对神经网络做出一些假设,例如神经元活动满足"全或无"原则,神经系统的功能就可以用命题逻辑来研究。他们证明,任何神经网络的行为都能用逻辑来描述。复杂的神经网络可用复杂的逻辑来描述。反过来,对应于满足某些条件的逻辑表达式,也可以找到对应的神经网络来实现相应的行为。这样,他们就把神经功能十分严格地、从逻辑上不含混地加以定义,这是一个伟大的进步,但终究无法解释复杂的神经网络的活动。正是这些不足之处,引导冯·诺伊曼从反方向来研究。

3. 冯·诺伊曼对电子计算机的开发与应用

虽然有人不能完全同意冯·诺伊曼是"电子计算机之父",但他确实是对电子计算机的开发及应用做出最重要贡献的人物。众所周知,人类很早就有制造计算机的需要以及各种设想,而且在专用机及模拟机方面也取得了一些进展。冯·诺伊曼比同时代几乎所有人都眼界更宽、看得更远。虽说英国科学家图灵(Alan Turing,1912—1954)建立了通用计算机的数学模型,但在 1936 年,这是数理逻辑的理论上的成就,而不是能够实际应用的技术成就。现在大家都能看到的,则是由冯·诺伊曼首次设计程序内存的通用数字计算机。

冯·诺伊曼看得更远,他从一开始就十分关注计算机本身的发展及各方面的应用。即便从计算机的原始需求——用于武器设计来看,提高运算速度也极为重要。由于当时技术条件限制(后来不断明显改进),他必须考虑通过其他途径加速提高计算的功效:一方面是设计优良的、面向计算机的算法,例如乌拉姆与他一起发展起来的蒙特卡罗算法;另一方面是进行数值分析,克服误差传播与放大。

三、自动机理论

本书以极少的篇幅比较电脑与人脑,但这只是冯·诺伊曼的庞大纲领的一部分。虽然他因病没有完成整个课题,但是他以前的研究加上本书已经形成计算机科学的一个核心领域——自动机理论。不仅如此,他关注的问题还涉及生命科学的基本问题以及后来所说的人工智能及人工生命的问题,这些也都是现在十分热门的课题。

冯·诺伊曼是自动机理论的创立者。从计算机与神经系统通过数学抽象就产生出有限计算机的数学模型。而数学模型给了科学家极大的自由度去修改、扩充已知的自动机,例如计算机。冯·诺伊曼作为大数学家深知这种方法的威力,他早在 1948 年 9 月在希克松(Hixon)会议上,就作了题为"自动机的一般逻辑理论"的报告。他的关注点是一般生物体,并试图给出一般逻辑理论。其中特别指出,自动机的逻辑与一般形式逻辑不同之处主要有二:

第一，推理链即运算链的实际长度。

第二，逻辑运算在整个过程中容许存在一些例外，这些失误的概率可以很小但不是零。

由此也产生误差问题及数字化问题，另外他还涉及更重要的问题，即复杂性概念与图灵机理论。后者是无限自动机理论的模型。

冯·诺伊曼明确指出，自动机理论是处在逻辑、通信理论及生理学中间地带的一门学科。更确切地讲，它兼具逻辑数学、计算机科学、生命科学的特征，涉及广阔的领域，而且有着极其重要的应用。冯·诺伊曼不仅给这门学科奠定了理论基础，而且还开拓了一些新的分支。其中最主要的是概率自动机理论与细胞自动机理论。

概率自动机是内部或环境都存在随机因素的自动机。它与通常的计算机有着明显差别：通常计算机的元件十分可靠，程序的指令十分可靠，元件的连接方式确定，只有这样，我们才能得出准确的结果。因为其中的某一个小的差错，就会造成完全错误的结果。然而自然的机器与某些人工设备难以满足这种要求。当时知道的最典型的机器一是大脑，二是通信的信道。大脑的神经元并不可靠，因为它们经常处于损伤、疾病之中甚至遇到事故，然而从整体上讲，大脑的某些功能并没有受到影响。通信的信道也是如此，尽管有误差，但我们仍能够获得可靠的消息。这些都推动冯·诺伊曼得出概率自动机的初始概念。他考虑的问题是如何应用不可靠元件构成可靠的计算机。其目标是让误差的概率尽可能小。

冯·诺伊曼通过两种方法解决这个问题。第一种方法是比较法，即从三个不可靠子网络出发，加上一些比较装置，不断构成一个更大、更可靠的子网络，以实现同样的功能。对某个具有可靠元件的自动机的网

络,系统地施行下去,即可以实现用不可靠元件构成可靠机器。第二种
方法是多重输出法,即把二元输出的一线变成一丛线,可以构造一个输
入线丛对应输出线丛的子网络,通过冗余,它可以大大降低误差的概率。
冯·诺伊曼认为这可能也是人脑可靠性的基础。

冯·诺伊曼更重要的贡献在于创立细胞自动机理论。这个理论
完全是从生物学角度出发的,它具有一般机器完全不同的特点,即
自繁殖性。冯·诺伊曼的细胞自动机与原来自动机的不同之处主
要是:细胞自动机的"元件"是小的自动机,运算是并行运算。他提
出细胞自动机论最基本的概念称为细胞空间——它已引出许多研究
方向。冯·诺伊曼最原始的细胞空间就像棋盘,每个格子点处有个
细胞。它的细胞都是相同的,具有 29 个状态的确定的有限自动机。
细胞自动机整体构形由每个小自动机的前一时刻状态决定。初始
构形以自动的方式决定下一时刻的构形,而自动机论则探讨所有可
能构形的结构、功能及其关系。所有后来的细胞自动机都是在这个
基础上发展起来的。例如 1968 年扩展出的 L 系统就可以描述多细
胞的发育过程。即便是最简单的冯·诺伊曼细胞空间,也在设计并
行计算机以及大规模集成电路方面有重要应用。这些都足以显示
冯·诺伊曼思想的深刻性与前瞻性。

引　言

　　本书是从数学家的观点去理解神经系统的一个探讨。然而,这个陈述中的各个要点,都必须立即予以解说。

冯·诺伊曼

由于我既不是一个神经学专家，又不是精神病学家，而是一个数学家，所以，对这本书需要作若干解释与申明。本书是从数学家的观点去理解神经系统的一个探讨。然而，这个陈述中的各个要点，都必须立即予以解说。

首先，我说这是企图对理解神经系统所作的探讨，这句话还是夸张了。这只不过是多少系统化了的一组推测，预测应该进行怎样的探索。这就是说，我企图揣测：在所有以数学为引导的各研究途径中，从朦胧不清的距离看来，哪些途径是先验地最有希望的，哪些途径的情况似乎正相反。我将同时为这些预测提供某些合理化的意见。

其次，对于"数学家的观点"这个词，我希望读者作这样的理解：它的着重点和一般的说法不同，它并不着重一般的数学技巧，而是着重逻辑学与统计学的前景。而且，逻辑学与统计学应该主要地（虽然并不排除其他方面）被看作是"信息理论"的基本工具。同时，围绕着对复杂的逻辑自动机和数学自动机所进行的设计、求值与编码工作，已经积累起一些经验，这将是信息理论的大多数的注意焦点。其中，最有典型意义的自动机（但不是唯一的），当然就是大型的电子计算机了。

应该顺便指出，如果有人能够讲出关于这种自动机的"理论"，那我就非常满意了。遗憾的是，直到目前为止，我们所具有的——我必须这样呼吁——仍然只能说是还不完全清楚的、难于条理化的那样"一些经验"。

最后，应当说，我的主要目的，实际上是要揭示出事情的颇为不同的一个方面。我希望，对神经系统所做的更深入的数学的研讨（这里所说的"数学的"之含义，在上文已经讲过），将会影响我们对数学自身各个方面的理解。事实上,它将会改变我们对数学和逻辑学的固有看法。这个信念的理由何在,我将在后文加以解说。

第一部分

计 算 机

· Part 1　The Computer ·

计算机发展到今天，无疑是物理学（电子学）与数学相结合的产物，然而计算机的研发及使用主要靠数学。数学是计算机得以广泛应用的幕后英雄。而这正是冯·诺伊曼的中心思想。冯·诺伊曼不仅主导计算机的设计，还使其在各个领域有着更广泛的应用。

2005 年 5 月 25 日，美国发行邮票纪念美国四个科学家，其中有冯·诺伊曼。图为冯·诺伊曼女儿玛琳娜在邮票发行会上讲话。

我从讨论计算机系统的基础原理以及计算机的实践开始。

现有的计算机，可以分成两大类："模拟"计算机和"数字"计算机。这种分类是根据计算机进行运算中表示数目的方法而决定的。

第1章　模 拟 方 法

在模拟计算机中，每一个数，都用一个适当的物理量来表示。这个物理量的数值，以预定的量度单位来表示，等于问题中的数。这个物理量，可以是某一圆盘的旋转角度，也可能是某一电流的强度，或者是某一电压（相对的电压）之大小，等等。要使计算机能够进行计算，也就是说，能按照一个预先规定的计划对这些数进行运算，就必须使计算机的器官（或元件），能够对这些表示数值进行数学上的基本运算。

常用的基本运算

常用的基本运算，通常是理解为"算术四则的运算"，即：加$(x+y)$、减$(x-y)$、乘(xy)、除$\left(\dfrac{x}{y}\right)$。

很明显，两个电流的相加或相减，是没有什么困难的（两个电流并联起来，就是相加；相反的并联方向，就是相减）。两个电流的相乘，就比较困难一点，但已有许多种电气器件能够进行相乘的运算；两个电流的相除,情况也是如此(对于乘和除来说,所量度的电流的单位当然应该是相关的,而对加和减来说,则不一定要这样)。

不常用的基本运算

一些模拟计算机的一个相当值得注意的特性,就是它进行不常用的运算。这是我在后面要进一步叙述的。这些模拟计算机,有时是按照算术四则以外的"基本"运算方法来建造的。经典式的"微分分析机"就是这一类,在那里,数值由某些圆盘的旋转角度来表示。它的过程如下:它不用加($x+y$)与减($x-y$)来运算,而是用 $\dfrac{(x\pm y)}{2}$ 来运算,因为用一种现成的简单元件——差动齿轮(像汽车上后轴所用的齿轮),就可以进行这种运算。它也不用乘法(xy),而是采取另一种完全不同的方法:在"微分分析机"中,所有的数量都表现为时间的函数,而"微分分析机"用一种叫作"积分器"的元件,能够把两个数量 $x(t)$,$y(t)$,形成("斯蒂杰斯")积分 $z(t)\equiv\displaystyle\int^{t} x(t)\mathrm{d}y(t)$[①]。

这个体系包括三个要点:

第一,上述三种基本运算,经过适当的组合,可以产生四种常用的算术基本运算中的三种,即加、减、乘。

第二,上述基本运算,和一定的"反馈"方法结合起来,就能产生第四种运算——除法。在这里,我不讨论反馈的原理。这里只是说明,反馈除了表现为解出数学上蕴含关系的一种工具外,它实际上还是一

---

① 这个积分式,是由数学家斯蒂杰斯(Thomas Jan Stieltjes,1856—1894)提出的,故名斯蒂杰斯积分。——译注

种特别巧妙的短路迭代与逐次逼近的线路。

第三,"微分分析机"的一个真正得到支持的根据是:它的基本运算——$\dfrac{(x \pm y)}{2}$ 和积分,对于许多类问题来说,比算术四则运算 $\left(x+y, x-y, xy, \dfrac{x}{y}\right)$ 要更经济一些。更具体地说,任何计算机,要它解出一个复杂的数学问题时,必须先对这个问题作出"程序"。就是说,为解出这个问题而进行的复杂运算,必须用计算机的各个基本运算的组合来表示。这个程序,严格地说,往往只是这些组合的近似(近似到我们预定的任何程度)。对于某一类给定问题来说,如果一组基本运算和另一组基本运算相比,能够使用较简单、较少的组合就能解出问题,那么,我们说这一组基本运算更有效。所以,专门对全微分方程的系统来说("微分分析机"本来就是为解全微分方程而设计的),微分分析机的这几种基本运算,就比前面所讲的算术基本运算 $\left(x+y, x-y, xy, \dfrac{x}{y}\right)$ 更有效一些。

下面,我要讲数字计算机。

第 2 章　数 字 方 法

在一个十进制数字计算机中,每一个数都是用通常书写或印刷一样的方法来表示的,即用一序列的十进制数字来表示。而这每一个十进制的数字,又用一组"符号"系统来表示。

符号,它们的组合与体现

一个符号,可以用十个不同的形式表现,以满足表示一组十进制数字的需要。要使一个符号只以两种不同形式表示,则只在每一个十进制数字相对应于整个符号组时才能使用(一组 3 个的两值符号,可构成 8 个组合,这还不够表示 10 个十进制数字之用;一组 4 个的两值符号,则可以有 16 个组合,这就够用而有余了。所以,十进制数字,必须用至少 4 个一组的两值符号来表示。这就是使用比较大的符号组的理由,见下述)。十值符号的一个例子就是在十根预定的导线上各自出现一个电脉冲。两值符号是在一根预定的导线上出现一个电脉冲,于是,脉冲的存在或不存在就传送了信息(这就是符号的"值")。另一种可能的两值符号,是具有正极性和负极性的电脉冲。当然,还有许多种同样有效的符号体系。

我们将进一步观察这些符号。上述十值符号,显然是一组 10 个的两值符号。我们已经说过,这组符号是高度过剩了。最小的组,包括 4 个两值符号的,也是可以用在同一体系中的。请考虑一个四根预定的导线的系统,在它们之间,能够发生任何组合的、同时出现的电脉冲。这样,它可以有 16 种组合,我们可以把其中的任何 10 种组合规定为十进制 10 个数字的相应代表。

应当注意,这些符号通常都是电脉冲(或可能是电压或电流,持续到它们的标示生效为止),它们必须由电闸装置来控制。

数字计算机的类型及其基本元件

到目前为止的发展中,电磁机械的继电器、真空管、晶体二极管、铁磁芯、晶体管已经被成功地应用了;有时是相互结合起来应用,比如在计算机的存储器官(见后面的叙述)中用这一种元件,而在存储器官之外(在“作用”器官中)则用另一种,这样,就使计算机产生了许多不同的种类。[①]

并行和串行线路

现在,计算机中的一个数是用一序列的十值符号(或符号组)来表示的。这些符号,可以安排在机器的各个器官中同时出现,这就是**并行**。或者是把它们安排在机器的一个器官中,在连续的瞬间依次出现,这就是**串行**。比如,机器是为处理 12 位十进制数字而建造

---

① 在这节中,冯·诺伊曼使用了“organ”(器官)这个词,在计算机中,这本来可以译为机构或部件。但是因为他往往把它和人的器官相比拟,因此还是直接译作器官。——译注

的,在小数点"左边"有 6 位,在小数点"右边"也有 6 位,那么,12 个这样的符号(或符号组)都应在机器的每一信息通道中准备好,这些通道是为通过数字而预备的(这个方案,在各种机器中,可以采取各种不同的方法和程度,从而得到更大的灵活性。在几乎所有的计算机中,小数点的位置都是可以调整移动的。但是,我们在这里不打算进一步讨论这个问题)。

常用的基本运算

数字计算机的运算,常常以算术四则为基础。关于这些人们已经熟知的过程,还应该讲以下的几点:

第一,关于加法:在模拟计算机中,加法的过程要通过物理过程作为媒介来进行(见上文所述)。与模拟计算机不同,数字计算机的加法运算,是受严格而具有逻辑特性的规则所控制的,比如,怎样形成数字的和,什么时候应该进位,如何重复和结合这些运算步骤等。数字和的逻辑特性,在二进制系统中显得更加清楚(与十进制比较而言)。二进制的加法表($0+0=00, 0+1=1+0=01, 1+1=10$),可表述如下:如果两个相加的数字不同,其和数字为 1;如果两个相加数字相同,其和数字为 0,而且,如两个相加数字都是 1 时,其进位数字为 1,如两个相加数字都是 0 时,其进位数字为 0。因为会出现进位数字,所以实际上需要 3 项的二进制加法表,即($0+0+0=00, 0+0+1=0+1+0=1+0+0=01, 0+1+1=1+0+1=1+1+0=10, 1+1+1=11$)。这个加法表,可以表述为:如果在相加的数字中(包括进位数),1 的数目是奇数(即 1 个或 3 个),则和数字为 1;如果

1 的数目不是奇数，则和数字为 0。如果在相加数字中（包括进位数），1 的数目是多数（2 个或 3 个），则进位数字是 1；如果 1 的数目不是多数（而是 1 个），则进位数字是 0。[①]

第二，关于减法：减法的逻辑构造，和加法非常相似。减法可以（而且是通常地）简化成为加法，运用一种简单的手段——补数法，就可以做到这一点。

第三，关于乘法：乘法的基本逻辑特性，甚至比加法还要明显，其结构性质也比加法明显。在十进制中，乘数的每一个数字，与被乘数相乘，而得出乘积（这个相乘的过程，通常可用各种的相加方法，这对所有的十进制数字都是可以进行的）。然后，把上述各个乘积加在一起（还要有适当的移位）。在二进制中，乘法的逻辑特性更显明易见。二进制只可能有两个不同的数字——0 与 1，因此，只有乘数和被乘数都是 1 时，乘积才是 1，否则乘积就是 0。

以上的全部陈述，都是指正数的乘积而言。当乘数和被乘数有正号、负号时，则产生了 4 种可能的情况。这时，就需要有更多的逻辑规则来支配这 4 种情况。

第四，关于除法：除法的逻辑结构与乘法是可比较的，但除法还须加入各种重复的、试错法的减法过程。在各种可能发生的变换情况中，为了得出商数，需要一些特别的逻辑规则，从而必须用一种串行的、重复的方法来处理这个问题。

总起来说，上述加、减、乘、除的运算，和模拟计算机中所运用的

---

① 这一段文字请读者注意。例如，二进制加法 1＋1＋0＝10，我们过去一般习惯说：1＋1＋0 之和为 10。在这段文字中，冯·诺伊曼的表述为：1＋1＋0，其和数字（sum digit）为 0，进位数字（carry digit）为 1。——译注

物理过程,有着根本的区别。它们都是交变作用的模式,组织在高度重复的序列中,并受严格的逻辑规则所支配。特别是对乘法和除法来说,这些规则具有十分复杂的逻辑特性(这些运算的逻辑特性,由于我们长期地、几乎是本能地对它们熟悉了,因而往往不易看出,可是,如果你强迫自己去充分表述这些运算,它们的复杂程度就会显现出来了)。

第3章　逻辑控制

　　除了进行基本运算的能力外，一个计算机必须能够按照一定的序列（或者不如说是按照逻辑模式）来进行运算，以便取得数学问题的解答，这和我们进行笔算的实际目的相同。在传统的模拟计算机中（最典型的是"微分分析机"），计算的"序列"是这样完成的：它必须具有足够的器官来完成计算所要求的各个基本运算，也就是说，必须具有足够的"差动齿轮"和"积分器"，以便完成这两种基本运算——$\dfrac{(x \pm y)}{2}$ 和 $\int^t x(t) \mathrm{d}y(t)$（参阅上文）。这些圆盘，即计算机的"输入"与"输出"的圆盘，必须互相连接起来（或者，更确切地说，它们的轴必须连接起来），（在早期的模型中，用嵌齿齿轮连接，后来则用电从动装置——自动同步机），以便模拟所需的计算。应该指出，连接的方式是可以按照需要而组装起来的，即随需要解算的问题而定，使用者的意图可以贯彻在机器设计里面。这种"连接"，在早期的机器中用机械的方法（如前述的嵌齿齿轮），后来则用插接的方法（如前述的电连接）。但不管如何，在解题的整个过程中，任何这些形式的连接，都是一种固定的装置。

插入式控制

在一些最新的模拟机中,采用了进一步的办法。它们使用电的"插件的"连接。这些插入式连接实际上被电磁机械继电器所控制;电磁铁使继电器通路或断路,因而产生电的激励,使连接发生变换。这些电激励可以由穿孔纸带所控制;在计算中,在适当瞬间发出的电信号,可以使纸带移动和停止(再移动,再停止……)。

逻辑带的控制

刚才我们所说的控制,就是指计算机中一定的数字器官达到某一预定条件的情况,比如,某一个数开始变为负号,或者是某一个数被另一个数所超过等。应当注意,如果数是用旋转圆盘来表示,它是正号或负号,就从圆盘通过零点向左还是向右转动来判定;一个数被另一数超过,则可以从它们的差成为负数而察觉出来等。这样,"逻辑"带的控制(或者更恰当地说,一种"与逻辑带控制相结合的计算状态"),是在基本的"固定连接"控制的基础之上的。

数字计算机就是从这些不同的控制系统开始的。但是,在讨论这个问题之前,我还要先对数字计算机作出一般的评述,并评述它和模拟计算机的关系。

每一基本运算只需要一个器官的原理

在开始，必须强调，数字计算机中的每一基本运算，只需要一个器官。这和大多数的模拟机相反。大多数模拟计算机是每一基本运算需要有足够多的器官，需要多少要看待解算的问题的情况而定（前面已经讲过）。但是，应该指出，这只是一个历史的事实而不是模拟机的内在要求。模拟计算机（上面所讲过的电连接方式的模拟机），在原则上，也是能够做到每一基本运算只需要一个器官的，而且它也能够采用下文所讲到的任何数字型的逻辑控制（读者自己不难证明，上面已经讲到的"最新"型的模拟机的控制，已经标志着向运算方式[1]的转变）。

应该进一步说明，某些数字计算机也会或多或少地脱离了"每一基本运算只需要一个器官"的原则，但是，再作一些比较简单的解释，这些偏离也还是可以被纳入这个正统的方案中的[在某些情况下，这只不过是用适当的相互通信的方法来处理双重机（或三重机）的问题而已]。在这里，我不准备进一步讨论这个问题了。

由此引起的特殊记忆器官的需要

"每一基本运算只需要一个器官"的原则，需要有较大数量的器官才能被动地存储许多数，这些数是计算过程的中间结果或部分结果。

---

① 运算方式，原文是 modus operandi（拉丁文），原意为运算状态或运算方法，因而用此译名。——译注

也就是说，每一个这种器官，都必须能"存储"一个数（在去掉这器官中前已存储的一个数之后）。它从另外一个当时与它有连接的其他器官，把这个数接受过来；而且当它被"询问"时，它还能够把这个数"复述"出来，送给另外一个此时与它连接的器官。上述的这种器官，叫作"存储寄存器"。这些器官的全体，叫作"记忆"。在一个记忆中存储寄存器的数量，就是这个记忆的"容量"。

我们现在能够进而讨论数字计算机的主要控制方式了。这个讨论，最好从描述两个基本类型入手，并且接着叙述把这些类型结合起来的若干明显的原则。

用"控制序列点"的控制

第一个已被广泛采用的基本控制方法，可以叙述如下（这里已经作了若干简化与理想化）：

计算机包括一定数量的逻辑控制器官，叫作"控制序列点"，它具有下面所讲的功能（这些控制序列点的数量相当可观，在某些较新型的计算机中，可以达到几百个）。

在采用这一种系统时，最简单的方式是：每一个控制序列点连接到一个基本运算器官上，这个运算器官受它所驱动。它还连接到若干存储寄存器上，这些寄存器供给运算的数字输入；同时，又接到另一寄存器上，这个寄存器接受它的输出。经过一定时间的延滞（延滞时间必须足以完成运算），或者在接收到一个"运算已完成"的信号之后，这个控制序列点就驱动下一个控制序列点，即它的"承接者"（如果运算时间是变量，它的最大值为不定值或者是不能允许的漫长的话,那么,这个过程当然就需要有与这个基本运算器官的另一个增添连接)。按照这样的连接,以相同的办法一直作用下去。一直到不需要再操作为止,这就构成了一个无条件的、不重复的计算方式。

如果某些控制序列点连接到两个"承接者"上面(这叫作"分支点"),那么,就可能产生两种状态——A 和 B,从而得到更错综复杂的方式。A 状态使过程沿第一个承接者的途径继续下去,B 状态则使过程沿第二个承接者的途径继续下去。这个控制序列点,在正常时,是处在 A 状态的,但由于它接到两个存储寄存器上面,其中的某些情况会使过程从 A 变为 B,或者反过来,从 B 变为 A。比如:如果在第一个存储寄存器中出现负号,那就使过程从 A 转变到 B;如果在第二个存储寄存器中出现负号,那就使过程从 B 转变到 A(注意:存储寄存器除了存储数字之外,它还存储数字的正号或负号,因为这是任一两值符号的前置符号)。现在,就出现了各种可能性:这两个承接者可表示计算的两个析取分支。走哪个分支,取决于适当预定的数字判据(当"从 B 到 A"是用来恢复进行一项新演算的原始状态时,则控制"从 A 到 B")。这两个待选择的分支也可能在后来重新统一起来,汇合到与下一个共同的承接者的连接上面。但是,还有一个可能性:两个分支之一,比如是被 A 所控制的那一个,实际上又引回到起初我们所说的那个控制序列点上(就是在这点上分为两分支的),在这种情况下,我们就遇到一个重复的过程。它一直迭代到发生一定的数字判据为止(这个判据就是从 A 转变到 B 的指令)。当然,这是一种基本的迭代过程。所有这些方法,都是可以互相结合和重叠的。

在这种情况下,正如已经讲过的模拟机的插入式控制一样,电连接的整体,是按照问题的结构而定的,即按照要解算的问题的算式而定,也就是依照使用者的目的而定。因此,这也是一种插入式的控制。在这种方式中,插接的模式可随解算问题的不同而变化,但是,在解算一个问题的全部过程中,插入方式是固定的(至少在最简单的装置中是如此)。

这个方法,可以从许多途径使它更精细起来。每一个控制序列点可以和好几个器官连接,可以激励起超过一次以上的运算。正如在上面讲过的模拟机的例子一样,这种插入连接实际上可以由电磁机械继电器去控制,而继电器又可通过纸带来控制,在计算中所产生的电信号,使纸带移动。我在这里,就不进一步叙述这种方式所可能产生的各种变化了。

记忆存储控制

第二种基本的控制方法,是记忆存储控制,它的进展很快,已经将要取代第一种方法了。这个方法可以叙述如下(这也还是作了若干简化了的)。

这种控制方式,在形式上与插入控制方法有若干相似之处。但是,控制序列点现在由"指令"所代替了。就体现在这种方式中的大多数情况来说,一个"指令",在物理意义上是和一个数相同的(指计算机所处理的数,参阅上文)。在一个十进制计算机中,它就是一序列十进制数字(在我们第二章中所举的例子里,它就是 12 个带有或不带有正、负号的十进制数字。有时,在标准的数的位置中,包含着一个以上的指令,但这种情况这里不必讨论)。

一个指令,必须指出要执行的是哪一种基本运算,这个运算的输入将从哪一个记忆寄存器中取得,运算后的输出要送到哪一个记忆寄存器去。要注意,我们已预先假定,所有的记忆寄存器的编号是成系列的,每一记忆寄存器的编号数目,叫作它的"地址"。同时,给各个基本运算编上号码,也是很便当的。这样,一个指令,只要简单地包括运算的编号和记忆寄存器的地址就成了,它表现为一列十进制数字(而且它的顺序是固定的)。

这种方式,还有一些变种。但是,在目前的叙述中,它们并不特别重要。比如,一个指令,用上面讲过的方法,也可以控制一个以上的运算;也可以指示它所包含的地址,在进入运算过程之前,以某一特定方法加以修改(通常运用的、实际上也是最重要的修改地址的方法,是对各个地址增加一个特定的记忆寄存器)。或者也可以用另外一些方法。如用特别的指令来控制这种修改,或者使一个指令只受上述各个操作中的某一组成部分的影响。

指令的更重要的方面是:如上面讲过的控制序列点的例子一样,一个指令必须决定它的承接者——是否有分支(参阅上文)。我曾指出过,一个指令通常在物理意义上是与一个数相同的。因此,存储指令的自然方法(在所控制的解题过程中),是把它存储在记忆寄存器里。换句话说,每一指令都存储在记忆中,即在一个规定的记忆寄存器中,也就是在一个确定的地址中。这样,就给我们对指令承接者的处理,提出了许多条特定的途径。因此,我们可以规定,如果一个指令的地址在 X,其承接者的指令地址则在 $X+1$(除非指明是逆接的情况)。这里说的"逆接",是一种"转移",它是一种指明承接者在预定地址 Y 的特殊指令。或者,一个指令中也可以包括"转移"的子句,以规定它的承接者的地址。至于"分支",可以很方便地被一个"有条件的转移"指令所掌握。这种有条件的转移指令,规定承接者的地址是 X 或 Y。是 X,还是 Y? 取决于一定的数字条件是否出现,也就是说,一个给定地址 Z 的数字,是不是负数。这样的一种指令,必须包含着一个编号,作为这种特殊形式指令的特征(这个特别的数字符号,它在指令中所占的位置,以及它的作用,和上面讲过的标志基本运算的符号是一样的),而且地址 X、Y、Z 都表现为一序列的十进制数字(见上文所述)。

应该注意本节所讲的控制方式和上文讲过的插入式控制的重要区别:插入控制序列点是真实的、物质的对象,它们的插件连接表达了要计算的问题。本节所讲的这种控制的指令,则是一种概念上的东西,它储存在记忆中;记忆中的这一特定部分,表达了要计算的问题。由于这样,这种控制方式被称为"记忆存储控制"。

记忆存储控制的运算方式

在上述情况下,由于进行全部控制的各项指令都在记忆中,因而能够取得比以往任何控制方式更高的灵活性。计算机在指令的控制下,能够从记忆中取出数(或指令),对它进行加工(好像数的运算一般),然后把它归还到记忆中去(回到它原来的或其他的位置上)。这也就是说,这种方式能够改变记忆的内容——这就是正常的**运算方式**。特别是它能够改变指令(因为指令存在记忆里),改变控制它自己的动作的有关指令,所以,建立所有各种复杂的指令系统都是可能的。在系统中,可以相继地改变指令,整个计算过程在这样的控制之下进行。因此，比仅仅是重复过程复杂得多的系统，都是可能办得到的。虽然这种方法十分勉强和十分复杂，它仍然被广泛采用了，而且在现代的机械计算——或者更恰当地说，在计算程序——的实践中，具有非常重要的作用。

当然，指令系统——它意味着要解出的问题和使用者的意图——是通过把指令"装放"进记忆里去的办法来同计算机互通信息。这通常是由预先准备好的纸带、磁带或其他相类似的媒介来完成的。

控制的混合方式

上面讲过的两种控制——插入式和记忆存储式，可以形成各种不同的组合。关于这方面，还可以说几句。

考虑一台插入控制的计算机，如果它具有记忆存储控制计算机所具有的那种记忆部分，它就可能用一序列数字（以适当的长度）来描述它的插接的全部状态。这个序列存储在记忆中，大体上占有几个数码的位置，即几个顺序的记忆存储器。换句话说，它可以从若干个顺序的地址中找到这个序列，其中头一个地址，可以作为这一串地址的缩写，代表整个序列。记忆部分可以负载几个这样的序列，表示几个不同的插接方案。

此外，计算机也可能是完全的记忆存储的控制方式。但除这种系统的本来有的指令外（参见上述），还可以有下列三种形式的指示。第一，一种使插接件复位的指令，根据在规定的记忆地址中存储的数字序列，使插接件复位。第二，一种指令的系统，能够改变各插接件中的某一定的单项。（请注意，上面这两种指令，都要求插入件必须受电控制装置——如继电器,或真空管,或铁磁芯等的作用。)第三,一种指令,能够使控制方式从记忆存储式转为插入式。

当然,插入式方案还必须能够指定记忆存储控制(它可预设为一规定的地址)作为一个控制序列点的承接者(如果在分支的情况下,则作为承接者之一)。

第4章 混合数字方法

上面的这些评述,已经足以描绘出在各个控制方式及其相互组合中的灵活性。

应该引起我们注意的更进一步的计算机的"混合"类型,是模拟原则和数字原则同时存在的计算机类型。更准确地说,在这种计算机的设计方案中,一部分是模拟的,一部分是数字的,两者互通信息(数字的材料),并接受共同的控制。或者是,这两部分各有自己的控制,这两种控制必须互通信息(逻辑的材料)。当然,这种装置要求有能从已给定的数字转换成为模拟量的器官,也要求有从模拟量转换成为数字的器官。前者意味着从数字表达中建立起一个连续的量,后者意味着测量一个连续的量并将其结果以数字形式表现出来。完成这两个任务的各种元件,包括快速的电元件,是我们所熟知的。

数的混合表现,以及在此基础上建造的计算机

另一类重要的"混合"型计算机,是这样的一些计算机,它在计算程序中的每一个步骤(但是,不是它的逻辑程序)都包含了模拟的原则和数字的原则。最简单的情况是:每一个数,部分地以模拟方法表示,部分地以数字方法表示。我在下面将描述这样的一个方案,它常

常表现于元件和计算机的建造和设计以及一定类型的通信中,虽然目前还没有一种大型机器是用这种方案来建造的。

这种系统,我把它叫作"脉冲密度"系统,每一个数用一序列的顺次的电脉冲来表示(在一条线路上),因此序列的长度是各不相同的,但脉冲序列的平均密度(在时间上)就是要表达的数。当然,必须规定两个时间间隔 t_1 和 t_2(t_2 应比 t_1 大得相当多),上述的平均数必须在 t_1 与 t_2 时间之间。问题中的数,如以这种密度表示时,必须先规定它的单位。或者,也可以让这个密度不等于这个数的本身,而等于它的适当的(固定的)单调函数(monotone function)——比如,它的对数[采用这一办法的目的,是当这个数很小时,可以得到较好的表达;但当这个数很大时,这种表达方法就较差了,而且会带来所有连续的荫蔽(shadings)]。

我们可以设计出能把算术四则应用于这些数的器官。于是,脉冲密度表示数的本身,而两个数的相加,只要把这两个序列的脉冲加起来就成。其他的算术运算比较需要一点窍门,但是,适用的、多少也算是巧妙的方法也还是存在的。我在这里,将不讨论如何表示负数的问题,这个问题用适当的方法还是容易解决的。

为了获得适当的准确度,每一序列在每一时间间隔 t_1 内,必须包括许多个脉冲。如果在计算过程中,需要改变一个数,则它的序列的密度须随之改变,这就使这一过程比上述的时间间隔 t_2 慢。

在这种计算机中,数的条件之读出(为了逻辑控制的目的),可能带来相当的麻烦。但是,仍然有许多种装置可以把这样的数(一个时间间隔内的脉冲密度)转换为一个模拟的量。[比如,每个脉冲,可以向一个缓漏电容器供给一次标准充电(通过一给定电阻),并将它控制在一个合理的稳定电压水平和电漏电流值上。这两者都是有用的模拟量。]上面已经讲过,这些模拟量能够用来进行逻辑控制。

在叙述了计算机的功能和控制的一般原则之后,我将对它们的实际使用以及支配它的原理作若干述评。

第5章 准 确 度

让我们首先比较模拟计算机和数字计算机的运用。

除了其他各方面的考虑外,模拟计算机的主要局限性是它的准确度问题。电模拟机的准确度难得有超过 $1:10^3$ 的,甚至机械的模拟机(如"微分分析机")在最好的情况下也只能达到 $1:10^4$ 至 $1:10^5$。而另一方面,数字计算机却能达到任何我们所需要的准确度。比如,我们已经讲过,12 位十进制计算机,就标志着 $1:10^{12}$ 的准确度(我们在后面还要进一步讨论,这已经标志着现代计算机的相当典型的准确度水平)。还应该注意,数字计算机要提高准确度的话,比模拟计算机容易。对"微分分析机"来说,从 $1:10^3$ 提高到 $1:10^4$ 的准确度,还比较简单,从 $1:10^4$ 要提高到 $1:10^5$,就已经是现有技术所可能达到的最佳结果;用目前已有的方法,再要使准确度从 $1:10^5$ 提高到 $1:10^6$,则是不可能的了。而另一方面,在数字计算机中,使准确度从 $1:10^{12}$ 提高到 $1:10^{13}$,仅仅是在 12 位数字上加上 1 位,这通常只意味着在设备上相对地增加 $\frac{1}{12}=8.3\%$(而且还不是计算机装置的每一部分都要如此增加),同时在速度上只损失同一比例(也不是每一处的速度都要损失),这两者的变化,都是不严重的。拿脉冲密度系统和模拟系统来比较,脉冲密度系统的准确度更差。因为在脉冲密度系统中，$1:10^2$ 的准确度要求在时间间隔 t_1 中，有 10^2 个脉冲，就是说，单单就这个因素来说，机器的速度就要减少 100 倍。速度按这样的数量级减少，是不妙的，如果要减少得更大，一般就认为是不能允许的了。

需要高度的准确度(数字的)之理由

可是，现在会产生另外一个问题，为什么这样高度的准确度(例如在数字计算机中为 $1:10^{12}$)是必要的呢？为什么典型的模拟机($1:10^4$)或甚至脉冲密度系统($1:10^2$)的准确度是不够的呢？我们知道，在大多数应用数学问题和工程技术问题中，许多数据的准确度不会优于 $1:10^3$ 或 $1:10^4$，甚至有时还达不到 $1:10^2$ 的水平。所以，它们的答案也用不着达到更高的准确度，因为这样提高准确度是没有意义的。在化学、生物学或经济学的问题中，或在其他实际事务中，准确度甚至还要低一些。可是，在现代高速计算方法的一贯经验中，都说明了：对于大部分的重要问题，甚至 $1:10^5$ 的水平还是不够用的。具有像 $1:10^{10}$ 和 $1:10^{12}$ 准确度的数字计算机，在实践中已被证明很有必要。这个奇怪的现象之理由，是很有趣和很有意义的。它和我们现有的数学的与数值过程的固有结构有关。

标志这些过程的特性的事实是：当这过程分析为它的各个组成元素时，过程就变得非常长了。对所有适于运用快速电子计算机的问题来说(即至少是具有中等复杂程度的问题)，都是如此。根本的理由，是因为我们现在的计算过程，要求把所有的数学函数分析为基本运算的组合，即分析为算术四则运算或其他大致相当的运算程序。实际上,绝大多数的函数只能用这种方法求得近似值,而这种方法意味着在绝大多数情况下,需要很长的、可能是迭代的一序列基本运算(见前文所述)。换句话说,必要的运算之"算术深度",一般是很大的。还应指出,它的"逻辑深度"则是更大的;同时,由于一个相当重要的原因——比如,算术四则必须分解为基本的逻辑步骤,因而每一次运算本身都是一条很长的逻辑链子。但是,我们这里只需要谈谈算术深度的问题。

如果有很大量的算术运算,则每一次运算所出现的误差是叠加的。由于这种误差主要地(虽然还不是完全地)是随机的,如果有 N 次运算,误差将不是增加 N 倍,而是大约增加 $\sqrt{N}$ 倍。仅从这一点道理来说,要得到一个 $1:10^3$ 准确度的综合结果,还不需要每一步运算都要达到 $1:10^{12}$ 的准确度。因为只有当 N 为 10^{18} 时,$\frac{1}{10^{12}}\sqrt{N} \cong \frac{1}{10^3}$。而在最快速的现代计算机中,$N$ 也很难得大于 10^{10}。(一个计算机,每一步算术运算只需要 20 微秒,充其量来说,每个问题大约要解 48 小时,即使这样,N 也只是 10^{10} 左右!)但是,我们还得考虑其他的情况。在计算过程中所进行的运算,会把前一步运算所发生的误差放大了。这将会极快地超过于刚才讲过的每一步准确度与要求综合结果的准确度之间的数字差距。上面讲过,$1:10^3$ 被 $1:10^{12}$ 除,得 10^9;但是,只要有 425 次顺次的运算,如果每一步运算只发生 5% 的误差,依次递增的结果,就会达到 10^9 的误差了。我在这里,不准备对此问题作具体的、实际的估计,特别是因为计算技术中已有不少办法减低这个效应。但不管怎样,从大量经验所得到的结论来看,只要我们遇到的是相当复杂的问题,上述的高度准确度水平是完全必要的。

　　在我们离开计算机的直接问题之前,我还要讲一下关于计算机的速度、大小以及诸如此类的事情。

第6章 现代模拟计算机的特征

在现有的最大型的模拟计算机中,基本运算器官的数目在一两百个左右。当然,这些器官的性质,取决于所采用的模拟过程。在不久以前,这些器官已趋向于用电的、至少也是电气-机械的结构了(机械级是用来提高精确度的,见上述)。如果具备了周密细致的逻辑控制,这可以给这个系统加上一定的典型的数字执行器官(像所有这种类型的控制系统一样),这些器官是电磁机械继电器或真空管等(在这里,对真空管没有用到最大的速度)。这些元件的数目,可以多到几千个。这样的一台模拟计算机,其投资甚至可能达到一百万美元的数量级。

第7章 现代数字计算机的特征

大型数字计算机的结构，更加复杂。它由"作用"器官和具有"记忆"功能的器官组成。对于记忆器官，我将把"输入"和"输出"的器官都包括在内，虽然这在实践中还不是普遍应用了的。

作用器官是这样的。第一，这些器官进行基本的逻辑操作：读出叠合，把各个脉冲结合起来，并可能也要读出反叠合（此外，就不需要具有再多的功能了。虽然有时也还有更复杂的逻辑运算器官）。第二，这些器官可以再产生脉冲：恢复逐渐消耗的能量；或只把机器的这部分的脉冲，简单地提高到另一部分的较高的能量水平上面来（这两种功能都叫作放大）。有些器官，还可以恢复脉冲所需的波形和同步（使之在一定的允差和标准之内）。请注意，我刚才所说的第一种逻辑运算，正是算术运算的基本要素（参阅上文）。

作用元件，速度的问题

所有上述的功能，从历史顺序上说，是由下列元件来完成的：电气-机械继电器、真空管、晶体二极管、铁磁芯、晶体管，或各种包括上述元件的小型线路。继电器大约可以达到每个基本逻辑动作需要 10^{-2} 秒的速度。真空管则可以把速度提高到 10^{-5} 秒到 10^{-6} 秒的数量级(在最佳的情况下,可达到 10^{-6} 秒的一半或四分之一)。铁磁芯和晶体管等,即被归类为固态装置的元件,大约可以达到 10^{-6} 秒的水平(有时可达 10^{-6} 秒的几分之一);而且差不多可扩展到每基本逻辑动作只需 10^{-7} 秒的速度领域内,甚至还可能更快一些。其他还有一些装置(我们这里不拟讨论了),可以使速度更进一步提高。我预期,在下一个十年,我们有可能达到 10^{-8} 秒至 10^{-9} 秒的速度水平。

所需的作用元件的数目

在大型现代计算机中,作用器官的数目,随计算机类型之不同而各异,大约有 3 000 个到 30 000 个。在其中,基本的算术运算通常是由一种组件来完成的(更准确地说,是由一组或多或少地合并起来的组件来完成的)。它叫作"算术器官"。在一个大型的现代计算机中,这个器官,大约包括从 300 个到 2 000 个的作用元件,随形式不同而定。

我们在下面还要说到,若干作用器官的一定组合,可用来完成某些记忆的功能。一般地说,这需要 200 个到 2 000 个作用器官。

最后,适当的"记忆"集合,需要有辅助的子组件,它由作用器官组成,用以为记忆集合服务和管理它们。对于那些不包括作用器官的记忆集合来说(详见后文。用该处的术语来说,这是记忆分级的第二级水平),这个功能可能需要 300 个至 2 000 个作用器官。对于整个记忆的各个部分来说,相应需要的辅助的作用器官,可能相当于整个计算机作用器官的 50% 左右。

记忆器官的存取时间和记忆容量

记忆器官属于几种不同的类别。据以分类的特征是"存取时间"。存取时间可定义如下：第一，存取时间是存储已在计算机其他部分出现的数的时间（通常是在作用器官的寄存器中出现的，见下文）。或者是移出记忆器官中已经存入的数的时间。第二，当被"询问"时，记忆器官对机器的其他部分，"重述"已经存入的数所需要的时间。这里所说的机器的其他部分，是指接受这个数的元件（通常是指作用器官的寄存器）。为方便起见，可以把这两个时间分别说明（叫作"存入"时间或"取出"时间）；或者就用一个数值，即用这两个时间中较大的一个来代表，或者用它们的平均数。再者，存取时间可能变化，也可能不变化，如果存取时间并不取决于记忆地址，它就叫作"随机存取"。即使存取时间是可变的，我们也只采用它的一个数值，通常是用它的最大值，或用它的平均值（当然，存取时间的平均值，将取决于待解算问题的统计性质）。不管怎样，为了简化起见，我在这里将只使用一个单一的存取时间值。

以作用器官构成的记忆寄存器

记忆寄存器可以用作用器官构成。它们具有最短的存取时间，但却是最费钱的。这样的一个寄存器，连同它的存取设备，对每一个二进制数字（或每一个正号、负号），就需要至少是 4 个真空管的线路（如用固态元件时，可以少一点儿）。而对每个十进制数字来说，真空管的数目还要大 4 倍以上。我们上面讲过的 12 位十进制数字（和正号、负号）的系统，则一般需要 196 个真空管的寄存器。但另一方面，这样的寄存器具有一个或两个基本反应的存取时间，这些时间和其他各种可能的时间比较起来，还是非常快的。同时，有几个这样的寄存器可以为整个装置带来一定的经济效益；对于其他形式的记忆器官来说，必须用这种作用器官构成的寄存器，作为"存入"和"取出"的器官；而且，作为算术器官的一部分，也需要有一个或两个（某些设计中甚至还需要三个）的这种寄存器。总而言之，如果这种寄存器的数目适当的话，它会比我们初看起来的估计要经济一些，同时，在这个范围内，计算机的其他器官也很需要这样的记忆寄存器作为其附属部分。可是，把这种作用器官构成的记忆寄存器，用来配备大容量的记忆器官，看来是不适宜的。而这样大容量的记忆器官是几乎所有的大型计算机都需要的。（请注意，这个观察推论只是适用于现代的计算机，即在电子管时代及其以后的计算机。在此以前的继电器计算机中，继电器就是作用器官，而用继电器构成的记忆寄存器则是记忆的主要形式。因此，请注意，以下的讨论，也请读者了解为仅是适用于现代计算机的。）

记忆器官的谱系原理

如上所述，对于那些庞大的记忆容量，必须运用其他形式的记忆器官。因此，就引入了一个记忆的"谱系"原理（Hierarchic Principle）。这个原理的意义可叙述如下：

一个计算机，为了完成它的应有功能（解算要它解答的问题），它需要一定数目的记忆容量,比如说,在一定的存取时间 t 时,需要记忆 N 个字。要在存取时间 t 内提供这 N 个字,可能存在着技术上的困难,或者在经济上非常昂贵(技术上的困难,也往往是通过昂贵的费用表现出来的)。但是,在这个存取时间 t 内,可能并不需要提供所有的这 N 个字,而只需要提供一个相当减少了的数目——N' 个字。而且,当在存取时间 t 内供应了 N' 个字之后,整个容量的 N 个字,只是在一个更长的存取时间 t'' 时才需要。这样分析下去,我们可能进一步遇到这样的情况:在一个长于 t 而短于 t'' 的存取时间内,提供一定的中间容量——即少于 N 字而多于 N' 字,可能是最经济的。最普通的方案,是规定一序列的记忆容量 $N_1, N_2, \cdots, N_{k-1}, N_k$ 以及一序列的存取时间 $t_1, t_2, \cdots, t_{k-1}, t_k$。这样的两个谱系的序列,使全部记忆容量划分得更加精确;而存取时间的规定则比较放松了一点。这两个谱系的序列是:$N_1 < N_2 < \cdots < N_{k-1} < N_k$ 和 $t_1 < t_2 < \cdots < t_{k-1} < t_k$;而且在存取时间 t_i 时,需要相应的容量 N_i 个字,此处 $i = 1, 2, \cdots k-1, k$。(为了使这两个序列和我们刚才所说的一致,读者应该了解,$N_1 = N', t_1 = t, N_k = N, t_k = t''$。)在这个方案中,每一个 i 的值,代表记忆谱系的一个水平;记忆的谱系,共有 k 个水平。

记忆元件,存取问题

在一个现代的大型高速计算机中,记忆谱系的水平总数,将至少是三级,或可能是四级、五级水平。

第一级水平,常常就是指我们在上面讲过的寄存器的水平。这一

级的 N_1,在差不多所有的计算机设计中,都至少是 3 个字,或者更多一些。有时甚至曾提出要达到 20 个字。存取时间 t_1,则是计算机的基本开关时间(或可能是这个时间的两倍)。

第二级水平,常常是靠专门的记忆器官的帮助来达到的。这些专门的记忆器官,和计算机其他部分用的开关器官不同,和用于上述第一级水平的开关器官不同。这个水平所用的记忆器官,通常须有记忆容量 N_2,约从几千个字到几万个字(几万个字的容量,在目前还是在设计阶段中)。其存取时间 t_2,一般比上述第一级水平的存取时间 t_1 长 5 倍至 10 倍。

更高级的各级水平,其记忆容量 N_i 的增加,一般是每级增加 10 倍左右。存取时间 t_i 的增长,比这还要快一些。但是,同时还须考虑限制和规定存取时间的若干规则(参见后文)。现在就进一步详细讨论这个问题,似乎是过于具体了。

最快速的记忆元件,即专门的记忆器官(不是作用器官,见前述),是某些静电装置和磁心阵列。在目前来看,磁心阵列的使用,肯定居于优势,虽然其他的技术方法(静电、铁-电体等)也可能载入或进入这个领域。在记忆谱系的较高的水平上面,目前使用磁鼓和磁带的最多,磁盘也曾被建议采用并加以探索。

存取时间的概念之复杂性

上面所讲的三种装置,都受特殊的存取规则和限度所制约。磁鼓的各个部分,是顺序地和循环地出现的,以供存取。磁带的记忆容量实际上是无限制的,其各个部分的出现则按照一个固定的直线顺序,需要时,它还可以停下来或反向移动。所有这些方案,都可以和各种不同的安排结合起来,以便使计算机的功能和固定的记忆序列之间达到特定的同步。

任何记忆谱系的最后一级,都必须和外间世界发生关系。所谓外间世界,是计算机所关联的外界,也就是计算机能够直接互通信息的外界,换句话说,就是计算机的输入和输出器官。计算机的输入和输出器官,一般都是用穿孔纸带或卡片;在输出端,当然也有用印刷纸片的。有时,磁带是计算机最后的输入-输出系统,而把它翻译成为人们能够直接使用的媒介(穿孔卡片或印刷纸片)的工作,则是在机器以外进行的。

下面是若干存取时间的绝对值:现有的铁磁芯记忆装置,是 5～15 微秒。静电记忆装置,是 8～20 微秒。磁鼓记忆装置,每分钟 2 500～20 000 转,即每转 24～3 毫秒,在这 24～3 毫秒内,可供应 1～2 000 个字。磁带的速度,已达每秒 70 000 线,即每 14 微秒 1 线,一个字约包含 5～15 线。

直接地址的原理

所有现有的计算机及其记忆装置,都使用"直接地址"。就是说,记忆中的每一个字,都有一个自己的数码地址,作为这个字以及它在记忆中的位置的唯一标志。(上面所说的记忆,是指记忆谱系的各个水平的总体而言。)当记忆的字在读出或写出时,即须明确规定它的数码地址。有时,并不是记忆的所有部分都是在同一时间里能够存取的。(见上述;在多级记忆中,可能不是所有的记忆都在同一时间内被接受的,而是按一定的存取优先规定先后被接受。)在这种情况下,对记忆的存取,取决于在需要存取时计算机的一般状况。可是,对于地址和地址的指定位置,则永远不应该有任何含糊之处。

第二部分

人　脑

· Part 2 The Brain ·

　　在这一部分,我们将讨论计算机与人类神经系统这两类"自动机"之间的相似与不同之处。

冯·诺伊曼在高等研究院与其研究生喝下午茶。

我们在上面的讨论,已经提供了比较的基础,而比较则是本书的目的。我曾相当详细地叙述了现代计算机的本质,以及组成计算机的宽广的可供抉择的种种原理。现在,我们有可能转入另一项比较,即与人类神经系统的比较。我将讨论这两类"自动机"之间的相似与不同之处。找出它们相类似的要素,将引向我们所熟悉的领域。同时,还有若干不相类似的要素。这些相异之处,不仅存在于大小尺寸和速度等比较明显的方面,还存在于更深入、更根本的方面,包含:功能和控制的原理,总体的组织原理等。我的主要目的,是探讨后一方面。但是,为了对这些作出恰当的评价,把相类似的地方和那些更表面的不同之处(如大小、速度等),并列和结合起来讨论,也是需要的。因此,下面的讨论,也同时对这些内容给以相当的强调。

第8章　神经元功能简述

对神经系统作最直接的观察,会发现它的功能**显而易见**地是数字型的。我们有必要比较充分地讨论这个事实,以及讨论作出这一判断所依据的构造和功能。

神经系统的基本元件,是**神经细胞**,或称**神经元**。神经元的正常功能,是发出和传播**神经脉冲**。这个脉冲,是一个相当复杂的过程,有着各种不同的表现——电的、化学的和机械的。但是,看起来它却是一个相当单一的规定的过程,也就是说,它在任何条件下都是一致的;

对于变化范围相当广阔的刺激来说,它表现出一种在本质上是可以再现的、单一的反应。

下面让我较详细地讨论和这本书的内容有关的神经脉冲的各个方面。

第9章 神经脉冲的本质

神经细胞包含一个**细胞体**,从它那儿,还直接或间接地引出一个或多个分支。每一个分支,叫作细胞的**轴突**(Axon)。神经脉冲就是沿着每一根轴突所传导的一种连续的变化。传导一般是以固定的速度进行的,这个速度也可能是神经细胞的一个功能。正如前面所说,上述变化的情况,可以从多方面来看。它的特征之一是必然存在着一种电扰动;事实上,人们往往也把这个变化描述为一种电扰动。这个电扰动,通常具有大约 50 毫伏的电位和约 1 毫秒的时间。在电扰动的同时,沿着轴突还发生着化学变化。即在脉冲电位和经过的轴突面积内,细胞内液(intracellular fluid)的离子构成变化,因而,轴突壁(**细胞膜**)的电化学性质——如电导率、磁导率等,也发生变化。在轴突的末端,化学性质的变化就更加明显;在那里,当脉冲到达时,会出现一种特殊的具有标志性的物质。最后,可能还有着机械变化。细胞膜各种离子导磁率的变化,很可能只能从它的分子的重新取向排列才能发生,这就是一种机械变化,即包括这些构成成分的相对位置的变化。

应该说明,所有这些变化都是可逆的。也就是说,当脉冲过去之后,所有轴突周围的各种条件、所有它的组成部分,都可以恢复到原来的状态。

因为所有这些效应,都在分子的水平上进行(细胞膜的厚度只有几个十分之一微米左右,即约 10^{-5} 厘米。这就是细胞膜所包括的大的有机分子的尺寸)。因此,上述电的、化学的和机械的效应,其间的区分是不太清楚的。在分子水平上,在这些变化之间,并无截然的区别:每一次化学变化,都是由决定分子相对位置变化的分子内力的变化而引起的,因此,它又是机械的诱发过程。而且,每一个这样的分子内力的机械变化,都影响到分子的电性质,因而引起电性质的变化和相对电位水平的变化。总之,在通常的(宏观)尺度上,电的、化学的、机械的过程,是能够明确区分的,不属于这一类,就属于那一类;但是,在接近分子水平的神经细胞膜中,所有这些方面都合并起来了。因此,很自然地,神经脉冲就成为这样一种现象,我们可以从这几个方面中的任何一个方面去考察它。

刺激的过程

如前所述,已经充分显现出来的神经脉冲是可以比较的,而不管它是怎样被诱发出来的。由于它的特性并不是非常明确的(它可以被看作是电的过程,也可以看作是化学的过程等),因此,它的诱发原因,同样也可以既归之于为电的原因,又可归之于化学的原因。而且,在神经系统内,大多数的神经脉冲,又是由一个或多个其他神经脉冲所引起的。在这些情况下,这一诱发的过程(神经脉冲的**刺激**),可能成功,也可能不成功。如果它失败了,那就是最初发生了一个扰动,而在几毫秒之后,扰动就消失了,沿着轴突并没有扰动的传导。如果它成功了,扰动很快就形成一种标准的形式(近似于标准),并以此形式沿着轴突传导。这就是说,如上所述,这一标准的神经脉冲将沿着轴突移动,看来,不管诱发过程的具体细节如何,神经脉冲在表现形式上是相当独立的。

神经脉冲的刺激,一般产生在神经细胞的细胞体内或其附近。它的传导,则是沿着轴突进行的。

由脉冲引起的刺激脉冲的机制,它的数字特性

我现在可以回到这一机制的数字性质上面来。神经脉冲可以很清楚地看作是两值符号,它的含义是:无脉冲时表示一个值(在二进制数字中为 0),脉冲出现时表示另一个值(在二进制数字中为 1)。当然,它应该被描述为在某一特定轴突上的变化(或者,不如说是在某一特定神经元上各轴突的变化),并且,可能在相关于其他事件的一个特定时间内。因此,它们可以用一种特殊的、逻辑作用的符号(二进制数字中的 0 或 1)来表示。

上面已经讲过,在给定神经元的轴突上发生的脉冲,一般是由冲击在神经元细胞体上的其他脉冲所激发的。这个刺激,通常是有条件的,就是说,只有这些原发脉冲的一定组合和同步性,才能激发出我们所讲过的派生脉冲,而其他条件是产生不了这种激发作用的。这就是说,神经元是一个能够接收并发出一定的物理实体(脉冲)的器官,当它接受那些具有一定组合和同步性的脉冲时,它会被刺激而产生自己的脉冲;反之,它就不能产生自己的脉冲。它描述对哪一类脉冲作出什么反应的规律,也就是支配这个作为作用器官的神经元的规律。

很明显,对数字计算机中一个器官的功能之描述,对数字器官作用与功能的描述,都已经特征化了。这就支持了我们原先的判断:神

经系统具有一种"最初看见的"①数字特性。

让我对"最初看见的"这个形容词多说几句。上述描述，包含着某些理想化与简化的内容，这在后面我们还要讨论的。如果考虑到这些情况，神经系统的数字性质，就不是那么清楚与毫无疑问的了。但是，我们在前面所强调的那些特点，的确是首要的显著特点。所以，我从强调神经系统的数字特性来开始本章的讨论，看来还是比较适宜的。

神经反应、疲乏和恢复的时间特性

在讨论本话题之前，需要对神经细胞的大小、功率消耗和速度等作出若干定向性的评述。当我们把神经细胞与它的主要的"人造对手"（现代的逻辑与计算机器之典型作用器官）相比较时，这些情况特别有启发意义。这些人造的典型作用器官，当然就是真空管和最近发展起来的晶体管了。

上面已经讲过，神经细胞的刺激，一般都在它的细胞体附近发生。事实上，一个完全的正常刺激，可以沿着一条轴突进行。也就是说，一个适当的电位的或化学的刺激，如果适当地集中而施加到轴突的一点上，将在那里引起一个扰动，它很快就会发展为一个标准的脉冲，从被刺激的点，沿着轴突向上和向下进行。上面所讲的通常的刺激，往往发生在从细胞体伸展出来一组分支附近，虽然这些分支的尺寸更小，

---

① 这个词，作者用了一句拉丁文——prima facie，按字典的诠释，原意是第一次看见或第一次观察(on the first view)。作者这样说，是因为按本书以后的分析，神经系统的数字性质并不是完全没有问题的。——译注

但它基本上还是轴突,刺激从这组分支传到神经细胞体去(然后又传到正常的轴突上去)。这一组刺激接收器,叫作树状突起(dendrites)。由其他脉冲(或其他多个脉冲)而来的正常的刺激,是从传导这脉冲的轴突(或多个轴突)的一个特殊末端发射出来的。这个末端叫作**突触**(synapse)。(一个脉冲,不管它只能通过一个突触引起刺激,或者是当它沿轴突传导时,它都可以直接刺激别的轴突,只有封闭的轴突除外。这个问题,在这里不需要讨论。但从这一现象来说,是有利于这样一个短路过程的假定的。)刺激穿过突触的时间,大约是 10^{-4} 秒的几倍。这个时间被定义为:从脉冲抵达突触开始,一直到在被刺激的神经元的轴突之最近点上发生刺激脉冲为止。但是,如果我们把神经元作为逻辑机的作用器官来看,上述规定并不是表示神经元反应时间的最有意义的方法。理由是:当刺激脉冲实现之后,被刺激的神经元并不能立即恢复到它原有的、被刺激前的状态。这就叫作**疲乏**,即它不能立即接受另一脉冲的刺激,不能作出标准的反应。从机器的经济观点来说,更重要的是量度这样一个速度:当一个引起了标准反应的刺激发生之后,需要多少时间,另一刺激才能引起另 个标准反应。这个时间,大约为 1.5×10^{-2} 秒。从以上两个不同数字可以很明显地看出,实际上刺激通过突触的时间,只需要这个时间(10^{-2} 秒)的百分之一二,其余时间都是恢复时间,即神经元从刺激刚通过后的疲乏状态恢复到在刺激前的正常状态的时间。应该指出,疲乏的恢复,是逐渐的,在更早一点的时间(大约在 0.5×10^{-2} 秒时),神经元就能够以非标准的形式作出反应,也就是说,它也可以产生一个标准的反应,不过必须新的刺激比在标准条件下所需要的刺激更加强烈。这种情形,还具有更加广泛的意义,在后面我们还要再讲到的。

因此,讲到神经元的反应时间,要看我们采用什么样的定义,大体上在 10^{-4} 秒到 10^{-2} 秒之间,而后面的那个定义,意义更大一些。和这个时间相比,在大型逻辑机中使用的现代真空管和晶体管,它们的反应时间在 10^{-6} 秒和 10^{-7} 秒左右(当然,我在这里也是指完全恢复时间,即器官恢复到它的刺激前状态的时间)。这就是说,在这方面,我们的人造元件比相应的天然元件优越,要快 $10^{4} \sim 10^{5}$ 倍左右。

至于大小尺寸的比较,就和这个结论很不相同。估计大小的途径有许多,但是最好的方法还是拿它们一个一个地估计。

神经元的大小,它和人造元件的比较

神经元的线形尺寸,对这一种神经细胞和对另一种神经细胞,是各不相同的。某些神经细胞,彼此很紧密地集合成一大团,因此,轴突就很短;而另外一些神经细胞,要在人体中距离较远的部分之间传递脉冲,因而它们的线形长度可以与整个人体的长度相比较。为了得到不含糊的和有意义的比较,一个办法是把神经细胞中逻辑作用部分与真空管、晶体管的逻辑作用部分相比。对于神经细胞,逻辑作用部分是细胞膜,它的厚度大约是 10^{-5} 厘米的几倍。至于真空管的逻辑作用部分,是栅极到阴极的距离,大约是 10^{-1} 厘米到 10^{-2} 厘米的几倍;对晶体管来说,这就是"触须电极"间的距离,即非欧姆电极——"发射极"和"控制电极"的距离,大约为这些零件的直接作用环境的三分之一,其数值约为略小于 10^{-2} 厘米。因此,从线形尺寸来说,天然元件要比我们的人造元件小 10^{3} 倍左右。

另外,比较它们的体积也是可能的。中央神经系统所占空间,大约是处在 1 升左右的数量级上（在人脑中），亦即 10^3 立方厘米。在中央神经系统中所包括的神经元数目，一般估计在 10^{10} 个的数量级上，或者还要多一些。因此，每个神经元的体积，可估算为 10^{-7} 立方厘米。

真空管或晶体管的装配密度，也是可以估计的，虽然这一估计并不能毫无疑问。看来，在双方的比较中，各个真空管或晶体管装配起来的密度，要比单一元件的实际体积，能够更好地衡量元件大小的效率。按今天的技术水平，把几千个真空管装配在一起，大约需要占据几十立方英尺的容积；而把几千个晶体管装配在一起，则需要占据一个或几个立方英尺的容积。以后者（晶体管）的数字，作为今天的最佳纪录，则几千个（10^3）作用器官需要占据 10^5 立方厘米的容积，故每一个作用器官的体积为 $10\sim10^2$ 立方厘米。因此，在占用容积（体积）方面，天然元件比人造元件要小 $10^8\sim10^9$ 倍。把这个比数，同上述线形尺寸的比数对比时，线形尺寸的比数，最好是把它看作为体积比数的根据，它应该是体积比数的立方根。把体积比数 $10^8\sim10^9$ 开立方，其立方根是 $0.5\times10^3\sim1\times10^3$，这个推算结果，和上节我们直接求得的线形尺寸比数是相当吻合的。

能量的消耗，与人造元件的比较

最后，应该进行能量消耗的比较。一个作用的逻辑器官，从它的性质来说，是不做任何功的：刺激脉冲，比起它激发起来的脉冲来说，只要有几分之一的能量就足够了。在任何情况下，在这些能量之间，并不存在着内在的与必要的关系。因此，这些元件中的能量，差不多都是散失了,即转变为热能而不做相应的机械功。因此,能量的需用量,实际上就是能量的消耗量,所以我们可以谈这些器官的消耗量。

在人类的中央神经系统(人脑)中,能量消耗大约在 10 瓦特的数量级。因为人脑中约有 10^{10} 个神经元,所以每个神经元的能量消耗约为 10^{-9} 瓦特。而一个真空管的典型能量消耗量约在 $5 \sim 10$ 瓦特的数量级上。一个晶体管的典型能量消耗量约在 10^{-1} 瓦特的数量级上。由此可以看到,天然元件的能量消耗比人造元件要小 $10^8 \sim 10^9$ 倍。这个比例,和刚才所说的体积比较的比例,是相同的。

比较的总结

把上面的比较总结一下。按大小对比,天然元件比人造元件的相对比较系数是 $10^8 \sim 10^9$,天然元件远较人造元件优越。这个系数是从线形尺寸的比例乘立方求得,它们的体积比较和能量消耗比较,也是这个系数。和这个情况相反,人造元件的速度,比天然元件快,两者的比较系数是:人造元件比天然元件快 $10^4 \sim 10^5$ 倍。

我们现在可以根据上述数量的评价来作出一定的结论。当然,应该记住,我们前面的讨论还是很肤浅的,因而现在所得出的结论,随着今后讨论的展开,将需要作出很多修正。可是,无论如何,值得在现在就提出一定的结论。这三个结论如下:

第一,在同样时间内,在总容量相等的作用器官中(总容量相等,是以体积或能量消耗相等来作定义),天然元件比人造元件所能完成的动作数目,大约要多 10^4 倍。这个系数,是由上面已求得的两个比例数相除而得出来的商数,即 $\dfrac{10^8 \sim 10^9}{10^4 \sim 10^5}$。

第二,这些系数还说明,天然元件比自动机器优越,是它具有更多的但却是速度较慢的器官。而人造元件的情况却相反,它比天然元件具有较少的、但速度较快的器官。所以,一个有效地组织起来的大型的天然的自动系统(如人的神经系统),它希望同时取得尽可能多的逻辑的(或信息的)项目,而且同时对它们进行加工处理。而一个有效地组织起来的大型人造自动机(如大型的现代计算机),则以连续顺序地工作为有利,即一个时间内只处理一项,或至少是一个时间内处理的项目不多。这就是说,大型、有效的天然自动机,以高度"并行"的线路为有利;大型、有效的人造自动机,则并行的程度要小,宁愿以采取"串行"线路为有利(此处请参阅本书第一部分关于并行和串行线路的叙述)。

第三,应该注意,并行或串行的运算,并不是随便可以互相替代的(像我们在前面的第一点结论中,为了取得一个单一的"效率评分",简单地把天然元件在大小上的有利系数,除以它在速度上的不利系数那样)。更具体地说,并不是任何串行运算都是能够直接变为并行的,因为有些运算只能在另一些其他运算完成之后才能进行,而不能同时进行(即它们必须运用其他运算的结果)。在这种情况下,从串行形式转换为并行形式,是不可能的,或者是只有在同时变化了它的逻辑途径和过程的组织之后才有可能。相反地,如果要把并行形式改为串行,也将对自动系统提出新的要求。具体地说,这常常产生出新的记忆需要,因为前面进行的运算的答案,必须先储存起来,其后的运算才能进行。所以,天然的自动机的逻辑途径和结构,可能和人造的自动机有相当大的区别。而且,看来人造自动机的记忆要求,需要比天然自动机更系统、更严密得多。

所有这些观点,在我们以后的讨论中,还会再提出的。

第 10 章　刺激的判据

最简单的——基本的逻辑判据

我现在能够进而讨论在前面叙述神经作用时所作的理想化与简单化的内容了。我当时就曾经指出，在叙述中是存在着这两方面的，而且在前面简化掉的内容，并非都是无关宏旨而是应该给予评价的。

正如前面已指出的，神经元的正常输出，是标准的神经脉冲。它可以由各种形式的刺激诱发出来，其中包括从其他神经元传递来的一个或多个脉冲。其他可能的刺激，是外界世界的一些现象，这些现象是某些特定的神经元特别敏感的（如光、声、压力、温度等），同时，它们还使这神经元所在的机体发生物理的和化学的变化。我现在从上述第一种情况开始，即从讨论其他神经元传递来的刺激脉冲开始。

在前面曾经观察到，这个特定的机制（由于其他神经脉冲的适当组合而引起的神经脉冲刺激），使我们可以把神经元和典型的基本的数字作用器官相比较。进一步说，如果一个神经元与两个其他神经元的轴突接触（通过它的突触），而且它的最低刺激需求（即引起一个反应脉冲的最小要求）就是两个同时进来的脉冲，则这个神经元实际上就是一个"与"器官，它进行合取的逻辑运算（文字上就是"与"），因为它只在两个刺激同时作用时才能发生反应。另一方面，如果上述神经元的最低刺激需求是仅仅有一个脉冲到达就够了，那么，这个神经元就是一个"或"器官，就是说，它进行析取的逻辑运算（文字上就是"或"），因为在两个刺激之中只要有一个发生作用，就能产生反应。

"与"和"或"是基本的逻辑运算。它们和"无"在一起（"无"是否定的逻辑运算），就构成基本逻辑运算的完整体系。一切其他的逻辑运算，不管多么复杂，都可以从这三者的适当组合而完成。我在这里，将不讨论神经元怎样能够刺激出"无"运算，或者我们用什么办法来完全避免这种运算。这里所讲的，已经足以说明前面所强调的推论：如此看来，神经元可以当作是基本的逻辑器官，因而它也是基本的数字器官。

更复杂的刺激判据

但是，这还是对现实情况的一种简化与理想化。实际的神经元，作为系统中的一部分，并不是这样简单地组织的。

有一些神经元，在它们的细胞体上，确实只有一两个（或者只有为数不多的几个）其他神经元的突触。但是，更常见的情况却是，一个神经元的细胞体上，有着其他许多神经元轴突的突触。甚至有时有这种情况，一个神经元出来的好几个轴突，形成对其他一个神经元的好几个突触。因而，可能的刺激源是很多的。同时，可能生效的刺激方式，比上述简单的"与"和"或"的系统具有更加复杂的定义。如果在一个单独的神经细胞上，有许多个突触，则这个神经元的最简单的行为规律，是只有当它同时地接收到一定的最低要求数目的（或比这更多的）神经脉冲时，才产生反应。但是，我们很有理由设想，在实际中，神经元的活动情况，要比这个更加复杂。某些神经脉冲的组合之所以能刺激某一给定神经元，可能不只是由于脉冲的数目,还是由于传递它的突触的空间位置关系。也就是说,我们可能遇到在一个神经元上有几百个突触的情况,而刺激的组合之是否有效(使这神经元产生反应脉冲),不只是由刺激的数目来规定,还取决于它在神经元的某一特定部位的作用范围(在它的细胞体或树状突起系统上),取决于这些特定部位之间的位置关系,甚至还取决于有关的更复杂的数量上和几何学上的关系。

阈　值

如果刺激的有效程度的判据是上面讲过的最简单的一种:(同时地)出现最低需求数目的刺激脉冲,那么,这个最低需求的刺激数目叫作这个神经元的**阈值**。我们经常用这种判据(即阈值),来叙述一个给定神经元的刺激需求。可是,必须记住,刺激的需求并不限于这个简单的特性,它还有着比仅仅是达到阈值(即最小数目的同时刺激)复杂得多的关系。

总 和 时 间

除此之外,神经元的性质,还会显示出其他的复杂性,这是仅仅用标准神经脉冲叙述刺激-反应关系时所没有讲到的。

我们在上面讲到的"同时性",它不能也不意味着实际上准确的同时性。在各种情况下,有一段有限的时间——**总和时间**,在这段时间内到达的两个脉冲,仍然像它们是同时到达的那样作用。其实,事情比这里所说的还要复杂,总和时间也可以不是一个非常明确的概念。甚至在稍为长一点的时间以后,前一个脉冲仍然会加到后一个紧接着的脉冲上面去,只不过是在逐渐减弱的和部分的范围内而已。一序列的脉冲,即使已超出总和时间,只要在一定的限度内,由于它们的长度,其效应还是比单独的脉冲大。疲乏和恢复现象的重叠,可以使一个神经元处于非正常的状态,即:它的反应特性和它在标准条件下的反应特性不同。对所有这些现象,已经取得了一批观察结果(虽然这些观察是或多或少地不完全的)。这些观察都指出,单个的神经元可能具有(至少在适当的特殊条件下)一个复杂的机制,比用简单的基本逻辑运算形式所作出的刺激-反应的教条式叙述,要复杂得多。

接收器的刺激判据

除了由于其他神经元的输出(神经脉冲)而引起的神经元刺激之外,对于其他神经元刺激的因素,我们只需要说几件事情。正如已经讨论过的,这些其他因素是外部世界的现象(即在机体表面的现象),对这些现象,某些特定的神经元是特别敏感的(如光、声、压力、温度等),并在这神经元所在的机体内引起物理的与化学的变化。对其他神经元的输出脉冲能作出反应的神经元,通常叫作**接收器**。但是,我们可以更适当地把能够对其他刺激因素作出反应的神经元,也叫作**接收器**。并且对这两类范畴的神经元,分别称为**外接收器**和**内接收器**,以示区别。

从上述情况,刺激判据的问题又重新发生了。现在,需要给出在什么条件下,神经脉冲的刺激才发生作用的判据。

最简单的刺激判据,仍然是用**阈值**表示的判据,这就是前面讲过的由于神经脉冲而引起的神经元刺激的情况。这就是说,刺激的有效性之判据,可以用刺激因子的最小强度来表示。比如,对于外接收器来说,这种判据是光照的最小强度,或在一定的频率带内所包含的声能的最小强度,或过压力的最小强度,或温度升高的最小强度等。或者,对内接收器来说,是临界化学因素集中的最小变化,相关物理参数值的最小变化等。

但是,应该注意,阈值的刺激判据,不是唯一可能的判据。在光学现象中,许多神经元所具有的反应,是对光照度变化的反应(有时是从亮到暗,有时是从暗到亮),而不是对光照度达到的特定水平。这些反应,可能不是一个单独的神经元的,而是在更复杂的神经系统中神经元的输出。我不准备在这里详细讨论这个问题。观察上述已有的判据,已足以指出,对接收器来说,阈值的刺激判据,不是在神经系统中唯一的判据。

现在,让我重复一下上面所讲的典型例子。我们都知道,在感光神经中,某些神经纤维不是对光照的任何特定(最小)水平作出反应,而是只对水平的变化产生反应;就是说,在某些神经纤维中,是由于从暗到亮发生反应,有些则是由于从亮到暗发生反应。换句话说,形成刺激判据的,是水平的增长或减低,即水平的微商之大小,而不是水平本身之高低。

神经系统的这些"复杂性"对神经系统功能结构及对功能的作用,看来应当在这里讲一下。有一种看法是:我们很可以想象,这些复杂性没有起到任何功能上的作用。但是,我们应该更有兴趣地指出,我们可以想象这些复杂性有着功能上的作用,且应该对这些可能性说几点。

我们可以设想,在基本上是按数字原则组织的神经系统中,上述复杂性会起着"模拟"的作用,或至少是"混合"式的作用。曾经有人提出,由于这些机制,有着更为奥妙的综合的电效应,可能对神经系统的功能发生影响。在这里,某些一般的电位起着重要的作用,神经系统则按电位理论问题的解答而作出反应。这些问题比通常用数字判据、刺激判据等来描述的

问题,具有更基本的、不那么直接的性质。由于神经系统的特性仍然可能
基本上就是数字性质的,因此,上述这些效应如果真是存在的话,它们会和
数字效应相互作用;这就是说,它可能是一种"混合系统"的问题,而不是一
个纯粹的模拟系统的问题。好几位研究者很热心地沿着这个方向作出种
种推测,如果在一般文献中,应该引述这些作者的工作;但是,在这里,我就
不准备用专门术语来进一步讨论这个问题了。

　　上述的这种类型的复杂性,如果像前面讲过的那样,用基本作用
器官的数目来说,可以说,一个神经细胞不只是一个单一的基本作用
器官;计算这些作用器官数目的任何有意义的努力,都使我们认识到
这一点。很明显,甚至比较复杂的刺激判据,也具有这个效应。如果
神经细胞被细胞体上各突触的一定组合的刺激所作用(而不是被别的
形式的刺激所作用),那么,基本作用器官的数目,必须推定为突触数
目,而不是神经细胞的数目。如果上述"混合"型的现象被进一步地澄
清了,这种作用器官数目的计算还要更困难一些。用突触的数目来代
替神经细胞的数目,会使基本作用器官的数目增加相当大的倍数,比
如 10 倍到 100 倍。这种情况,当我们考虑基本作用器官的数目时,是
应该注意的。

　　虽然,我们现在已经讲过的各种复杂性,可能是不相关的,但是,
它们会给系统带来部分模拟的性质,或者一种混合的性质。在任何情
况下,这些复杂性都会增加基本作用器官的数目,如果这个数目是由
任何相当的判据所决定的话。这个数目的增加,可能是 10 倍到 100
倍。

第11章　神经系统内的记忆问题

我们的讨论,直到现在,还未考虑到一种元件,它在神经系统中的存在是具有相当根据的,如果不是已经肯定了的话。这种元件在一切人造计算机中起着极其重要的作用,而且它的意义,可能是原则上的而不是偶然的。这种元件就是**记忆**。因此,我现在要讨论在神经系统中的这个元件,或者更准确地说,是这个组件。

刚才说过,在神经系统内,存在着一个记忆部分(或者,也可能是几个记忆部分)。这是一种推测和假设,但是,我们在人造计算自动机方面的所有经验,都提出了和证实了这个推测。同样,在讨论开始时,我们应该承认,关于这个组件(或这些组件)的本质、物理体现及其位置,都还是一个假说。我们还不知道,从实物上来看,神经系统中的记忆器官究竟在哪里?我们也不知道,记忆是一个独立的器官呢,还是其他已知器官的特定部分之集合?它也许存在于一个特殊的神经系统中,而且这可能是一个相当大的系统。它可能和细胞体的遗传学机制有某些关系。总而言之,我们对记忆的本质及其位置,现在仍然是无知的,像古希腊人以为心脏在横膈膜里面一样无知。我们所知道的唯一事情,就是在神经系统中,一定有着相当大容量的记忆;因为很难相信,像人类的神经系统这样复杂的自动机,怎么能够没有一个大容量记忆。

估计神经系统中记忆容量的原理

让我谈一下这个记忆可能有的容量。

对于人造自动机(如计算机),已经有了相当一致的确定记忆"容量"的标准方法。因此,把这个方法推广到神经系统上面来,看来也是合理的。一个记忆,能够保持一定的最大数量的信息,而信息都能够转换成为二进位数字的集合,它的单位叫作"位"(bit)*。对一个能够保存一千个十进制的 8 位数目字的记忆,我们说,它的容量是 $1\,000 \times 8 \times 3.32 \cong 2.66 \times 10^4$ 位。因为一个十进制数字,大体相当于 $\log_2 10 \cong 3.32$ 位[上述十进制数字转换为位的方法,是由香农(G. E. Shannon)和其他学者在关于信息论的经典著作中建立的]。很明显,十进制的三位数字,大约相当于 10 位,因为 $2^{10} = 1\,024$,这个数近似于 10^3(故按此计算,一个十进制数字,大致相当于 $\frac{10}{3} \cong 3.33$ 位)。所以,上例中记忆的容量是 2.66×10^4 位。根据同样的推理,一个印刷体或打字机体字母的信息容量是 $\log_2 88 \cong 6.45$ 位(一个字母,有 $2 \times 26 + 35 = 87$ 个选择。式中的 2 是表示大写或小写两种可能;26 是字母的数目;35 是常用的标点符号、数学符号和间隔的数目。当然,上述这些数目是和信息的文字内容有关的)。所以,一个保持一千个字母的记忆,其容量即为 $6\,450 = 6.45 \times 10^3$ 位。按照同样的概念,对于更复杂的信息的记忆容量,也是可以用这个标准信息单位——位来表示的,比如对几何形状的记忆容量(当然,给定的几何形状必须具有一定程度的准确性并且是肯定了的),或对颜色差别的记

---

* bit,即二进制的位,在计算技术名词中简称为"位"。——译注

忆容量(其要求与上述对几何形状的相同),等等。按照上述原理,我们就可以运用简单的加法,计算各类信息的各个组合数目,从而规定它们的记忆容量。

运用上述规则估计记忆容量

一台现代计算机所需要的记忆容量,一般约在 10^5 位到 10^6 位的数量级上。至于神经系统功能所需要的记忆容量,据推测要比计算机的记忆容量大得多。因为我们在前面已经看到,神经系统是比人造自动机(如计算机)大得多的自动系统。神经系统的记忆容量,比上面这个 10^5 位到 10^6 位的数字究竟要大多少,我们现在还很难说。但是,提出一些粗略的定向性的估计,还是可以做得到的。

一个标准的接收器,大约每秒可以接收 14 个不同的数字印象,我们可以把它算作是同样数目的位(即 14 位)。这样,假定 10^{10} 个神经细胞都是在适当情况下作为接收器(内接收器或外接收器),则每秒钟的信息总输入为 14×10^{10} 位。我们还进一步假定,在神经系统中并没有真正的遗忘,我们所接受的印象会从神经活动中的重要领域里(即注意力中心)转移出去,但是它并没有真正被完全抹去(关于这个假定,已经有了一些证据)。那么,我们就需要估计一个通常的人类的生活期间,比如说,我们算此期间是 60 年吧,这就是 2×10^9 秒左右。按照上节的推算方法,在这期间需要的总记忆容量则为: $14 \times 10^{10} \times 2 \times 10^9 = 2.8 \times 10^{20}$ 位。这个容量,比我们承认的现代计算机的典型记忆容量 10^5 位到 10^6 位大得多了。神经系统的记忆容量比计算机超过这么多的数量级,看来也不是不合理的,因为我们在前面已经观察到,神经系统的基本作用器官的数目,与计算机的相比,也是超过许多个数量级的。

记忆的各种可能的物理体现

记忆的物理体现,还是一个未解决的问题。对于这个问题,许多学者提出了许多不同的解答。有人假设,各个不同神经细胞的阈值(或者更广泛地说,刺激判据),是随时间而变化的,它是这个细胞的以前历史的函数。因此,经常使用一个神经细胞,会降低它的阈值,就是说,减低它的刺激需求,等等。如果这个假设是真的话,记忆就存在于刺激判据的可变性之中。这无疑是一种可能性,但是我在这里不准备去讨论这个问题。

这个概念的一个更强烈的表现,是假定神经细胞的连接(即传导轴突的分布)随时间而变化。这就意味着以下的状况是存在的。一个轴突如果长久废弃不用,在后来用时就会不发生作用了。另一方面,如果很频繁地(比起正常使用来说)使用一个轴突,那么,就会在这个特定的途径上形成一个有着较低的阈值(过敏的刺激判据)的连接。在这种情况下,神经系统的某一部分就会随时间及其以前的历史而变化,这样,它自己就代表着记忆。

记忆的另一种形式,它是明显地存在的,是细胞体的遗传部分:染色体以及组成它的基因显然是记忆要素,它们的状态,影响着并在一定程度上决定着整个系统的功能。因此,可能存在着一个遗传的记忆系统。

此外,可能还有一些其他的记忆形式,其中的一些也似乎颇有道理。在细胞体的一定面积上,有某些特殊的化合物,它们是可以自我保持不变的,这也可能是记忆的要素。人们可以设想,如果他认为有遗传的记忆系统的话,这是一种记忆。因为在基因中存在的这些自我保持不变的性质,看来也可以位于基因之外,即在细胞的其他部分。

在这里,我就不列举所有这些可能的推测了,虽然这些其他的许多可能性,和上面所说的可能性具有相等的,甚至是更多的道理。我只在这里指出,虽然我们还不能找到记忆究竟在神经细胞的哪一些特殊部分,但是,我们仍然能够提出记忆的许多种物理体现,而且这些推断都有着不同程度的理由。

和人造计算机相比拟

最后,我应该说明,各个神经细胞系统,彼此通过各个可能的循环途径相互刺激,也可以构成记忆。这就是由作用要素(神经细胞)做成的记忆。在我们的计算机技术中,这类记忆是常常使用的,并且具有重要意义。事实上,它还是首先在计算机上采用的一种记忆形式。在真空管型的计算机中,"触发器"就是这种记忆的元件。这些触发器是成对的真空管,相互起着开关和控制的作用。在晶体管技术中,实际上还在其他各种形式的高速电子技术中,都允许和要求使用这些像触发器一类的组件,这些组件,正如早期真空管计算机中的触发器一样,也可以作记忆要素之用。

记忆的基础元件不需要和基本作用器官的元件相同

必须注意,神经系统使用基本作用器官作为记忆元件,是不适宜的。这样的记忆,可以标志为"用基本作用器官组成的记忆",它从各方面的意义来说,都是很浪费的。但是,现代的计算机技术却是从这样的装置开始的。第一台大型的真空管计算机 ENIAC 的第一级记忆(即最快和最直接的记忆),就是完全运用触发器的。然而,ENIAC 虽然是很大型的计算机(有 22 000 个真空管),但从今天的标准来看,它的第一级记忆的容量却很小(只保持几打 10 位的十进制数字)。这样的记忆容量,只不过相当于几百个位,肯定小于 10^3 位。今天的计算机,为要在计算机的规模和记忆容量之间保持适当的平衡,它大体上有 10^4 个基本作用元素,而记忆容量则为 10^5 至 10^6 位。达到这个要求,是靠运用在技术上与基本作用器官完全不同的记忆方式。真空管的或晶体管的计算机,它的记忆都是用一种静电系统(阴极射线管),或者用经过适当布置的大量的铁磁芯等。在这里,我将不作出这些记忆方式的完全分类,因为还有其他的重要的记忆方式,很不容易归入这些分类,比如,声延迟式、铁电体式、磁致伸缩延迟式,等等(这里所列举的方式,还可以大大增加)。我在这里只不过试图指出,记忆部分所使用的元件,是和基本作用器官的元件完全不同的。

上述这些事实,对于我们理解神经系统的结构,看来是非常重要的。这个问题,现在还是基本上没有得到解答。我们已经知道神经系统的基本作用器官(神经细胞)。所以,我们很有理由相信,一个容量很大的记忆是和这个系统联合在一起的。但是,我们应该极大地强调,我们现在还不知道,神经系统的记忆基本元件,它们的物理实体究竟是什么形式的。

第12章 神经系统的数字部分和模拟部分

我们在上面已经指出神经系统记忆部分的若干深入广泛的根本问题,现在最好是进一步讨论其他的题目了。但是,对于神经系统中尚不清楚的记忆组件,还有一个比较次要的方面,应该在这里说几句。这就是关于神经系统中数字部分与模拟部分(或"混合"部分)间的关系。对于这些问题,我将在下面作一个简短的、不完备的补充讨论,然后,我们就进入与记忆无关的问题的探讨了。

在这里,我想观察的问题是:在神经系统中的过程,它的性质可以变化,从数字的变为模拟的,从模拟的又变回来成为数字的,如此反复变化,这是我们在前面指出过的。神经脉冲(即神经机制中的数字部分),可以控制这样一个过程的特别阶段:比如某一特定肌肉的收缩或某一特定化学物质的分泌。这个现象,是属于模拟类型的,但它可能是神经脉冲序列的根源:由于适当的内接收器感受到这个现象而发生脉冲。当这样的脉冲发生之后,我们又回到过程的数字方面来了。刚才说过,从数字过程变为模拟过程,又从模拟过程变回到数字过程,这样的变化,可以往复好几次。所以说,系统中的神经脉冲部分,其性质是数字的;而系统中化学的变化或机械的位置变化(由于肌肉收缩),则是属于模拟的性质,这两者互相变换,因而使任何特定的过程带上混合的性质。

遗传机制在上述问题中的作用

在上面所讲的过程中,遗传现象起着特别典型的作用。基因本身,很显然地是数字系统元件的一部分。但是,基因可发生的各个效应,包括刺激形成一些特殊的化学物质,即各种特定的酶(它是基因的标志),而这却是属于模拟的领域的。这就是模拟和数字过程的相互变化的一个特别显著的例子。也就是说,基因可以归入数字和模拟交互变化类型中的一个因素;这个更广阔的类型,我们在上节中已经更概括地谈过了。

第13章 代码及其在机器功能
的控制中之作用

让我们现在转入记忆以外的其他问题。我要讲的是组织成逻辑指令的某些原理。这些原理,在任何复杂自动系统的功能中,都是相当重要的。

首先,我要引入讨论这个问题所需要的一个术语。使一个自动机能够承接并按此完成若干有组织的任务的逻辑指令系统,就叫作**代码**。所谓逻辑指令,是指像在适当的轴突上出现的神经脉冲之类的东西。事实上,这可以指任何诱发一个数字逻辑系统(如神经系统)并使它能够重复地、有目的地作用的东西。

完全码的概念

在讲到代码时,下列的代码的区分问题就突出来了。一个代码,可以是**完全的**,用神经脉冲的术语来说,它规定了一序列的脉冲和发生脉冲的轴突。这种完全码,完全规定了神经系统的一定的行为,或者,正如上面比较过的那样,规定了相应的人造自动机的一定行为。在计算机中,这些完全码是许多指令组,它给出了一切必要的规则。如果自动机要通过计算解出一个特定的问题,它必须由一套完全码来控制。现代计算机的运用,要倚仗使用者的一种能力:发展和规定出任何给定问题(这个问题是要这个机器解算的)所必需的完全码。

短码的概念

和完全码相对的,还存在着另一类代码,我们最好把它叫作**短码**。它是根据以下的概念形成的。

英国的逻辑学家图灵在 1927 年证明(在图灵以后,许多计算机专家把图灵的原理以各种特定方法用于实践):有可能发展一种代码指令系统,这种指令能够使一个计算机像另一个特定的计算机那样操作。这种使一个计算机**模仿**另一个计算机的操作的指令系统,就叫作**短码**。让我们现在稍为具体地来讨论这些短码的发展及其运用的典型问题。

我已经讲过,一个计算机是被代码、符号序列(通常是二进制符号,即一序列位)所控制的。在任何支配某特定计算机的运用的指令中,必须明确:哪些位(一序列的信息)是机器的指令,这些指令将使机器做些什么?

对于两个不同的计算机来说,这些**有意义**的位序列(二进制信息序列)是不必相同的,它们对于各自相应的计算机运算的作用,也是可以完全不相同的。所以,如果对一个机器,给予一组专用于另一个机器的指令,这样,对这个机器来说,这些指令就是**无意义的**(至少是部分地无意义的)。也就是说,这些信息序列,对于这台机器来说,是不完全属于**有意义的**信息序列的范围。或者,如果这台机器"服从"这些无意义的指令时,这些指令会使它作出在原来设计为解出某一问题的组织方案以外的操作。一般来说,它将使这台机器不能进行有目的的操作;这种操作是解决一个具体的、有组织的任务,即解出需要解算的问题的答案所要求的。

短码的功能

按照图灵的方案,一个代码,如果要使一台机器像另一台特定的机器那样操作的话(即使前者**模仿**后者),必须做到以下各点。它必须包括这样的指令(指令是代码的进一步的具体细节,这个指令是这台机器所能理解并有目的地服从的),它能够使机器检查每一个收到的指令,并决定这个指令是否具有适用于第二台机器的结构。它必须包括足够的指令(用第一台机器的指令系统表达),使这台机器发生动作,这些动作,与第二台机器在这一指令影响之下发生的动作相同。

上述图灵方案的一个重要结果是:用这个方法,第一台机器可以模仿**任何**其他一台机器的行为。这种使机器跟着另一台机器做的指令结构,可能和第一台机器所实际包含的一种特性完全不同。就是说,这种指令结构的性质,实际上可以比第一台机器所具有的性质复杂得多,即第二台机器的指令中的每一个指令,可以包括第一台机器所完成的许多次运算。它可以包括复杂的、重复的过程和任何多次的动作。一般来说,第一台机器在任何时间长度内和在任何复杂程度的可能的指令系统控制之下,能够完成任何运算,只要这些运算是由"基本"的操作构成的就成(所谓基本的操作,就是指基础的、非复合的和原始的操作)。

把这种派生的代码,叫作短码,是由于历史的原因。这些**短码**,当初是作为编码的辅助方法发展起来的。由于需要给一台机器编出比它自己本来的指令系统更简短的代码,因此,就用这样的处理方法:

把它当作一台完全不同的机器，这台机器具有更方便的、更充分的指令系统，它能进行更简单、不那么琐碎的、更直接的编码。

第14章 神经系统的逻辑结构

现在,我们的讨论最好再引向其他复杂的问题。我前面讲过,这就是和记忆或和完全码与短码无关的问题。这些问题,是有关于任何复杂自动系统(特别是神经系统)的功能中逻辑学和数字方法的作用。

数字方法的重要性

这里要讨论的一个相当重要的问题,是这样的:任何为人类所使用,特别是为控制复杂过程使用而建造起来的人造自动化系统,一般都具有纯粹逻辑的部分和算术部分,也就是说,一个算术过程完全不起作用的部分和一个算术过程起着重要作用的部分。这是由于这样的事实:按照我们思维的习惯和表达思维的习惯,如果要表达任何真正复杂的情况而不依赖公式和数字,是极其困难的。

一个自动化系统,要控制像恒定的温度,或恒定的压力,或人体内化学平衡等类型的问题,如果一个人类的设计者要把这些任务列成公式时,他就必须运用数字的等式或不等式来表达这些任务。

数字方法和逻辑的相互作用

而在另一方面,要完成上述任务,又必须有和数字关系无关的方面,即必须有纯粹的逻辑方面。这就是某些定性的原理,包括不依赖数字表达的生理反应或不反应,比如我们只需要定性地叙述:在什么环境条件的组合下,会发生什么事件;而哪些条件的组合,是不需要的。

预计需要高准确度的理由

上述叙述说明,神经系统,当被看作是一个自动系统时,肯定具有算术的部分和逻辑的部分,而且算术的需要和逻辑的需要同样重要。这意味着说,在研究神经系统时,从一定意义上来说,我们是和计算机打交道,同时,用计算机理论中熟悉的概念来讨论神经系统,也是需要的。

用这样的观点来看,立刻就会出现以下的问题:当我们把神经系统看作是一台计算机时,神经系统中的算术部分,需要有什么样的准确度呢?

这个问题之所以极为重要,是由于以下理由:所有我们在计算机上面的经验都让明,如果一台计算机,要处理像神经系统所处理的那些复杂的算术任务,很明显,计算机必须由准确度水平相当高的装置组成。原因是计算的过程是很长的,在很长的计算过程中,各个步骤的误差不但会相加起来,而且,在前面的计算误差还会被后面的各个部分放大。因此,计算机所需要达到的准确度水平,要比这个计算问题的物理本质所要求的准确度水平高得相当多。

因此,人们可以作出这样一种推测:当神经系统被看作是一台计算机时,它必须有算术的部分,而且,它必须以相当高的准确度来进行运算。因为在我们所熟悉的人造计算机中,在复杂的条件下,准确度需要达到 10 位或 12 位的十进制数字,这还不算是过分的。

上面这个推测结论,肯定是不合理的。虽然这样,或者说正是由于这样,我们值得把这样的推论提出来。

第15章　使用的记数系统之本质：
它不是数字的而是统计的

前面已指出过，我们知道了神经系统怎样传送数字材料的一些事情。它们通常是用周期性的或近似周期性的脉冲序列来传送的。对接收器施加的每一个强烈的激励，会使接收器在绝对失效限度过去之后每次很快地作出反应。一个较弱的刺激，也将使接收器以周期性或近似周期性的方法来反应，但是反应脉冲的频率比较低，因为，在下一个反应成为可能之前，不仅要等绝对失效限度过去，而且甚至要一定的相对失效限度过去之后才能再有反应。因此，定量的刺激之强度，是由周期性的或近似周期性的脉冲序列来表示的，而脉冲的频率，则恒为刺激强度的单调函数。这是一种信号的调频系统，信号强度被表达为频率。这些事实，人们在视觉神经的某些神经纤维中直接观察到了；同时，在传送关于压力的信息的神经中，也直接观察到这些现象。

值得注意的是：上面所讲的频率，不是直接等于刺激的任何强度，而是刺激强度的单调函数。这就可以引进各种标度效应，并且可以很方便而恰当地用这些标度来作出准确度的表达式。

应该注意，上面所讲的频率，一般在每秒 50 个至 200 个脉冲左右。

很清楚，在这些条件下，像我们在上面讲到的那种精确度（10 位至

20 位十进制数字!)是超出可能范围的了。因此,神经系统是这样一台计算机,它在一个相当低的准确度水平上,进行非常复杂的工作。根据刚才说的,它只可能达到 2 位至 3 位十进制数字的准确度水平。这个事实,必须再三强调,因为我们还不知道,有哪一种计算机在这样低的准确度水平上还能可靠地、有意义地进行运算。

我们还要指出另一个事实。上述系统不但带来较低的准确度水平,而且,它还有相当高水平的可靠程度。很显然,在一个数字系统的记数中,如果失掉了一个脉冲,那么,其结果必然是信息的意义完全歪曲了,就是说,成为无意义的。但是,如果上面所讲的这一种类型的系统,即使失掉了一个脉冲,甚至失掉了好几个脉冲(或者是不必要地、错误地插入了一些脉冲),其结果是:与此有关的频率(即信息的意义)只是有一点不要紧的畸变而已。

现在,就产生了一个需要解答的重要问题:对于神经系统,作为计算机,从它的算术结构和逻辑结构的相互矛盾的现象中,我们可以得出什么重要推论来呢?

算术运算中的恶化现象; 算术深度和逻辑深度的作用

上面提出的这个问题,对于曾经研究过在一长串计算过程中准确度的恶化现象的人来说,答案是很清楚的。如上所述,这种恶化,是由于误差叠加起来的**积累**,更重要的是由于前面计算的误差被后面各计算步骤所**放大**了。这种误差的放大,原因在于这些步骤相当多的算术运算是顺次串行的,换句话说,在于运算过程的"算术深度"很大。

许多运算按顺序系列进行的事实，不只是这种程序的算术结构的特点，也是它的逻辑结构的特点。这就可以说，准确度的恶化现象，和前面讲过的情况一样，也是由于运算程序的很大的"逻辑深度"而产生的。

算术的准确度或逻辑的可靠度，它们的相互转换

应该指出，正如前面讲过的，神经系统中所使用的信息系统，其本质是**统计**性质的。换句话说，它不是规定的符号、数字的精确位置的问题，而是信息出现的统计性质问题，即周期性或近似周期性的脉冲序列的频率问题等。

所以，看来神经系统所运用的记数系统，和我们所熟悉的一般的算术和数学的系统根本不同。它不是一种准确的符号系统，在符号系统中，符号的记数位置、符号的出现或不出现等，对消息的意义具有决定性。它是一种另外的记数系统，消息的意义由消息的**统计**性质来传送。我们已经看到，这种办法怎样带来了较低的算术准确度水平，但却得到较高的逻辑可靠度水平。就是说，算术上的恶化，换来了逻辑上的改进。

可以运用的信息系统的其他统计特性

从上面已经讲过的内容，很明显地提出了另一个问题。我们已经说过，一定的周期性或近似周期性的脉冲序列，传送着**消息**，亦即**信息**。这是消息的显著的**统计**性质。是不是还有其他的统计性质可以

同样地作为传送信息的工具呢？

到目前为止，用来传送信息的消息，它的唯一统计性质，就是脉冲的频率（每秒钟的脉冲数），我们已经知道，消息是一种周期性或近似周期性的脉冲序列。

很明显，消息的其他统计特性也是可以被运用的：刚才讲的频率，是一个单一的脉冲序列的性质，但是，每一个有关的神经，都包含有大量的神经纤维，而每一根神经纤维，都能传送许多的脉冲序列。所以，完全有理由设想，这些脉冲序列之间的一定的（统计的）关系，也是可以传送信息的。在这一点上，我们很自然地会想到各种相关系数以及诸如此类的办法。

第 16 章　人脑的语言不是数学的语言

继续追踪这个课题,使我们必须探讨**语言**的问题。我曾指出,神经系统是基于两种类型的通信方式的:一种是不包含有算术形式体系,一种是算术形式体系。也就是说:一种是指令的通信(逻辑的通信),一种是数字的通信(算术的通信)。前者可以用语言叙述,而后者则是数学的叙述。

我们应该认识:语言在很大程度上只是历史的事件。人类的多种基本语言,是以各种不同的形式,传统地传递给我们的。这些语言的多样性,证明在这些语言里,并没有什么绝对的和必要的东西。正像希腊语或梵语只是历史的事实而不是绝对的逻辑的必要一样,我们也只能合理地假定,逻辑和数学也同样是历史的、偶然的表达形式。它们可以有其他的本质上的变异,就是说,它们也可以存在于我们所熟悉的形式以外的其他形式之中。确实,中央神经系统的本质及其所传送的信息系统的本质,都指明了它们是这样的。我们现在已经积累了足够的证据,不论中央神经系统用什么语言,但是它的标志是:它比我们惯常的逻辑深度和算术深度都要小。下面是一个最明显的例子。人类眼睛上的视网膜,对于眼睛所感受到的视像,进行了相当的重新组织。这种重新组织,是在视网膜面上实现的;或者更准确地说,是在视觉神经入口的点上,由三个顺序相连的突触实现的;这就是说,只有三个连续的逻辑步骤。在中央神经系统的算术部分所用的消息系统中,其统计性质和它的低准确度也指出:准确度的恶化(前面已经讲过),在这信息系统中也进行得不远。由此可知,这里存在着另外一种逻辑结构,它和我们在逻辑学、数学中通常使用的逻辑结构是不同的。前面也讲过,这种不同的逻辑结构,其标志是更小的逻辑深度和算术深度(这比我们在其他同样条件下所用的逻辑深度和算术深度小得多)。因此,中央神经系统中的逻辑和数学,当我们把它作为语言来看时,它一定在结构上和我们日常经验中的语言有着本质上的不同。

还应该指出,这里所说的神经系统中的语言,可能相当于我们前面讲过的短码,而不是相当于完全码。当我们讲到数学时,我们是讨论一种**第二**语言,它是建立在中央神经系统所真正使用的**第一**语言的基础之上的。因此,对评价中央神经系统**真正**使用什么样的数学语言或逻辑语言的观点来说,**我们的**数学的外在形式,并不是完全相当的。但是,上面关于可靠度和逻辑深度、数学深度的评论证明:无论这个系统如何,把我们所自觉地、明确地认为是数学的东西,和这个系统适当地区分开来,这是不会错的。

附 录

数学在科学和社会中的作用

（冯·诺伊曼，1954）

王骏 译

（北京大学哲学系教授）

· *Appendix* ·

　　大致来说，数学发现与其应用之间会有一个时差，可能从 30 年到 100 年不等，有时甚至更长。整个数学知识体系的演进，似乎是没有任何方向，没有任何实用背景，没有任何实用性意愿。然而，我们需要意识到，整个科学的发展进程本来是如此。换言之，我们应该去了解，究竟是经历了怎样的一个历程，科学才产生了其特殊的社会作用并影响着我们的日常生活

1956 年，艾森豪威尔总统在白宫为冯·诺伊曼颁发总统自由勋章。

　　我本应谈谈数学在未来的发展。但我很羡慕施皮策（Spitzer）教授，在刚才的报告中，他不使用过多的专业知识，就能向听众讲述天文学的未来。天文学的专业知识或许可以吸引天文学家，但可能会吓跑普通听众。

　　谈及数学及其未来，我却很难避免不触及专业化的知识，这样一来，或许只有数学家才会感兴趣。所以，我想换个话题，来谈谈数学在科学和社会中的作用。

　　所有学科，都面临一个基本问题，这个问题对于数学来说，尤为明确和直接。那就是：数学何用？用在何方？意义何在？追崇科学，究竟是为了科学本身，还是因其对社会有用？这个话题，讨论甚多。我想，三言两语地给出答案，是武断和危险的，我只能说，很难回答。

　　在一首短诗中，德国诗人席勒曾虚构了阿基米德与门徒的一场对话。门徒向老师表达了对于科学的敬仰，以及想要投身"神圣"科学的愿望。之所以"神圣"，是因为，科学技术帮助叙拉古人打败了罗马军队的围城，挽救了国家。阿基米德却指出，科学是神圣的，但，在帮助国家取得胜利之前，科学就是神圣的，科学的神圣性源于自身，而与是否帮助了国家无关。

　　这是一个非常重要而中肯的观点。科学，绝不会因为帮助了国家或社会而变得更神圣。然而，如果接受了这个观点，也得同时考虑相对的立场，也就是说，如果科学有助于社会而不会变得更神圣，那么，也许科学也不会因为有害于社会而变得不神圣。这个问题绝对不是无足轻重的。这次会议要讨论的，正是这一点：虽然科学完全无能力挽救国家，因为事实上，叙拉古在不久后还是被罗马人占领了，但，科学的神圣性毫发未伤。

因此,虽然有诸多困难,我接着还是想谈谈数学对于日常以及社会的作用。我不去讨论数学在社会中的地位,而会一般性地阐明数学对我们的意义,特别是对于非专业人士。

对专业内外的人士而言,数学的影响是不一样的。简单来说,数学的重要意义在于,它提供了一种客观性标准,一种真理性标准,更为重要的是,数学给出了如何建立这种标准的方法,且完全独立于任何其他事物,独立于任何感情,独立于任何道德。我们必须意识到,真理的客观性标准是存在的,且并非自相矛盾的,是属于人类的。这个说法有点令人费解,但并不老套。数学与科学的意义,既取决于科学在生活中的作用,也取决于数学如何以完全抽象的形式在科学中发挥作用。

这些论点的内在真实性虽有很多争议,但重要的是,这些论点是成立的,我们可以对其内容给出精确而细致的描绘。通过数学的帮助,我们可以想象出一个系统的状态。换言之,无论数学所给出的关于真理的客观性标准是否真实,是否客观,我们一旦直接体验到系统的存在,我们就可以讨论和认知它。

我们可以列举很多数学的案例来讨论上述观点是否成立,以及那些较为极端的观点存在于什么样的思想体系之中。

这些问题的讨论,都会涉及数学对于建立客观性标准的作用。我首先要声明我的观点,即使数学可以建立一套绝对标准,这也并不意味着,这套标准可以完全有效于整个世界。这个问题讨论已久,我想指出的是,关于数学标准是否真实客观,其实是一个更技术化的事。换言之,数学方法并不代表绝对,并不代表天启,并不代表永恒。今天被数学证明是正确的,并不代表永远正确。关于什么是数学严格性,数学家的专业观点也曾发生过巨大变化。而在这近30年中,我个人的看法就发生了相当大的转变,至少转变了两次。人的一生又是何其短暂!如果你看一个时代,比如说,18世纪初,关于如何才能构成严格意义上的数学证明,数学家们的观点就曾出现过重大的转变。

18世纪后期数学家们的数学证明,在我们今天看来,是完全不可接受的。他们的工作,似有似地无带着某种负罪感。同样,在19世纪,就大数学家黎曼(Georg Friedrich Bernhard Riemann, 1826—1866)给出的一个证明,是否构成真正意义上的数学证明,人们也曾争议颇盛。

就我个人体会,20世纪初,关于什么是数学的基本原理,以及大部分的数学是否符合逻辑这两个话题,曾有非常严肃而认真的争论。这些争论愈加凸显一个问题,那就是,我们根本不了解,什么是绝对意义上的严格证明,或者具体一点说,我们是否应该限制自己,只使用无人质疑的那部分数学。大部分数学家对此是存在不同观点的!一部分认为,我们不必质疑我们正在使用的任何数学内容。一部分人士表示,我们只应使用那些毫无任何存疑的数学。然而,绝大部分数学家认为,虽然数学的某些领域存在争议,但我们依然可以使用它。他们乐意接受虽被质疑但却可用的那部分内容,尤其是,这部分内容对于数学自身来说可以导出非常完美的理论。这些理论结构的完美性堪比理论物理,甚至优于后者。既然理论物理被认可,那么,可以贡献于理论物理,即使无法百分之百地满足数学严格性,这又有何妨呢?为什么这些领域不可以合法地成为数学世界呢?为什么这些领域不值得深入探究呢?我这样讲,似乎有点怪,好像是屈尊了数学的身份,但大部分数学会认同这一点。因为,我也是其中一员,我理解他们。

我在这里不想讨论细节,这些争议涉及一个非常形而上的认识论问题。由无穷多数构成的集合是否成立? 针对无穷多的数学概念的集合,由此给出的一般性陈述究竟意味着什么? 如果你知道集合中存在某种事物,这又意味着什么? 是说,你有一个实际的例子? 还是说,你有某种方法可以证明这个实例的存在? 事实上,如果不实际展示一个例子的存在,又如何证明其存在呢? 令人惊讶的事实在于,普遍被接受的数学方法就是如此。听起来有点魔幻,你可以证明其存在,而不用实际展示其存在。的确有点难以想象,但这就是数学。

因此,我想说,这的确是个微妙而棘手的问题,但我们无法回避。这在某种程度上有点相似于物理学的基础问题。我们不应笼而统之以合理性来概括,更不应相信数学的绝对可靠性是超越时空的。

故此,质疑,是必要的。在评估数学的属性和作用时,我们务必不能忘记:质疑。

现在,我进一步来谈谈数学的作用,尤其是在我们思维中的作用。我们通常的认识是,数学是一所优秀的思维学校,它引导人们习惯于逻辑思维,从而使得我们的思维更为有效。我不确定所有这些说法是否正确,其中第一点可能是最无争议的。不过,我认为,即使对于那些不太精确的领域而言,数学思维依然十分重要。我觉得,数学对我们思维最重要的贡献,是其概念的极大的普适性,这种普适性是其他非数学方法很难达到的。有时候在哲学领域中存在类似情形,但是,那种哲学通常难以令人信服。

这里所说的普适性,换言之,是哲学家们绞尽脑汁的一个问题,即这个领域的规律是否具有以下属性:每个事件都即刻决定下一个事件。这是因果论的观点。另一方面,这些规律也可能是目的论的,这表示,单一事件无法决定随后的事件,但是,整个过程是一个统一体,服从于一个普遍的规律,因而被视为一个整体来理解。这个问题,不仅一直在困扰着哲学家,在生物学中,它也始终起着非常大的作用。

这个问题实际上非常微妙,我们得非常小心。

这方面有一个非常出色的例子,它应该得到更多的好评。这个例子属于理论物理和数学之间,实则是数学,也就是经典力学的数学化。经典力学当然属于理论物理,但是,一旦你认可了经典力学原理,剩下的纯粹就是数学了,包括,如何用数学术语表达力学原理,如何用数学来寻找解,以及到底有多少解,等等。再就是,如何以不同的数学方程来表达同一个原理,且彼此等价。同一个原理,数学方程的表达可能完全不同,因而可以给出完全不同的解。所以,这意味着,同一个问题,是可以从不同方面来理解的。

经典力学的一个最简单事实就是,它可以表达为若干等价的数学方程。牛顿方程,就是其中一种,这里,系统的状态不仅包含物体在某时刻的位置,还包含物体在某时刻的速度。这样,系统在某时刻的状态就决定了其加速度,而加速度又决定了物体在下一时刻的位置和速度。这个过程的重复,就决定了系统在任意时刻的状态,既可以导出物体在未来某个时刻的位置和速度,也可以还原物体在过去某个时刻的位置和速度。换言之,它严格满足因果论。如果确定系统现在的状态,就可以即刻确定下一个时刻的状态,就可以确定未来所有时刻的状态。

经典力学的另一种表达,就是最小作用原理。我不想用数学术语来解释了。它说的是,如果考虑某个系统的全部历史(我这里所说的系统,包含任何机械实体,既可以是宇宙中被简化为质点的一颗行星,也可以是行星及其轨道中心天体所组成的系统,还可以是像太阳系那样的复杂系统,或者是复杂的机车系统,或是任何东西),再考虑系统在某两个时刻之间的全部历史(既可以是从现在开始的 5 分钟内,也可以是距今过去的 30 亿年中,或是其他的任意时间组合),你就可以从中计算出"能量乘以时间"的积分。而实际的历史,就是让这个积分数值尽可能地小。显然,这是一个目的论原理。也就是说,这里所说的历史,不会被某时刻的任何事件所决定,你得观察全部历史,并使其导出的积分值最小化。

上述第一种进路,是严格因果论,每个时刻决定下一时刻。第二种进路,是严格目的论,全部历史的定义,决定于其中的某些最优属性,而非单独任何部分。然而,这两种进路完全是严格等价的,一种进路导出的关于运动的实际历史,恰恰就是另一种进路所发现的历史。至于经典力学是符合因果论,还是目的论(这个问题在其他任何领域,都非常重要,只能二选一来回答),对于经典力学本身来说毫无意义,因为,这完全取决于你如何写方程式。我不愿轻浮地讨论目的论原理在生物学中的意义。但我认为,只要有足够的数学思维,我们就不会牵强地因其在力学中的无意义,来推断其在生物学中的作用。如果我们了解另一个领域,就会明白,同样的事情也会发生。这是完全有可能的。

如果没有变换力学方程的纯数学方法,就绝不会有这样一种洞察力,这种洞察力来自数学技巧,来自数学表达与数学再表达的普适性特征。这不是任何抽象意义上的纯粹思维,而是具体的数学过程。

这里,我想提及另一例子。(与前述一样,我又把理论物理和数学放在一起。这个例子属于理论物理范畴,但是所导出结果的技术处理过程实则是数学变换。因此，它显示了数学的洞察力，而非理论物理的洞察力。后者当然非常重要，但它只是在别的方面胜过前者。）我们有时往往认为，有些事情易于给出严格的数学证明，而有些事情受到偶然性的支配，这种说法有点随意了。

200多年前，这个说法就貌似合理。那时，概率论被提出，这使得运用严格的数学方法处理不确定性和偶然性成为可能。这种数学处理过程表明，如果一个事件无法被严格的定律所确定，而是受到偶然性支配，那么只要你已经清晰地表达了这一点（且，它是可以被清晰表达的），它就是可以被量化处理的，如同被严格定义一样。当然，一个量化处理过程，并不是告诉我们，将会发生什么，在这个案例中，这已经被认为是不可能的，而是告诉我们，比如你试了100万次，其中有多少次你会得到一个肯定的结果。如果你增加次数，那么这一可能性的准确率会增加多少。还有，它会告诉我们，哪些事件是可以忽略的，哪些是荒谬的。

概率论确实提供了一个很好的案例，但更有意义的案例是量子力学的现代形式。它表明，基本运动——包括基本粒子、原子或亚原子——显然并不服从且完全不服从力学定律，因为力学中那些定律以因果论的形式告诉你，如果知道系统当下的状态，那就可以准确给出随后瞬间的状态，重复这个过程，就可以给出随后任意时刻的状态。但对基本运动而言，却并非如此。对此我们今天所能给出的最好描述，可能不是最终的（最终的描述也许可以回到因果论形式，但大多数物理学家认为这是不可能的），但应该是今天所能给出的最好形式了。这就是，你无法完全确定它，系统当下的状态也根本无法决定随后瞬间或更往后的状态。当然，当下的状态也许与那些决定一小时后系统状态的假定条件不相容,或者说,有些假定根本就不成立。但,依然存在很多可能性。你也许有点纳闷,是否这种思想压根儿就不可能用精确的数学方法来给予描述。

事实上,这是先用理论物理的方法发现的,后来,数学方法使之趋于更加精确化。在这个过程中,有非常复杂的数学理论,但很奇特的现象出现了。例如,像是我们提及的一个系统,它无法根据因果论来预测。也就是说,你无法从它现在的状态计算出它在下一时刻的状态。然而,又有某些东西是可能根据因果论来预测的,这就是所谓的波函数。波函数从某个时刻到下一时刻的变化,是可以计算的,但其对于被观测实体的影响,又仅是可能性而已。这样一种论证是可以导出的,它可以解释经验,更是源自经验。但若离开了数学方法,这一切是完全不可能的。对于我们实际的思维演变,数学方法的巨大贡献在于,它使得逻辑循环成为可能,并使之完全精确化。数学方法,赋予我们的思维以一种可能,那就是,完全的可靠性及技术稳定性。

还有一个问题我很愿谈,但今天无法展开了。这就是,当我们尝试去分析作为人类智识活动的科学之基础时,预期会出现恶性循环,那也是合乎情理的。这个领域的研究实践表明,作为人类智识活动的场所,人类的神经系统也可以用物理方法与数学方法来加以探究。设想一下,在任何时刻,一个人应该被告知,其神经器官在该特定时刻的状态,这其中可能牵涉某种矛盾。不过,有意思的是,这里所存在的认知上的绝对极限,也可以用数学语言来表达,且只能如此。

这类现象已经存在。理论物理学指出,自然界有两个领域存在认知上的绝对极限,一是相对论,另一是量子理论。因此,用我们今天所能给出的最好描述来表达,就是,对于什么是可知的,存在绝对极限。

但是,这些极限可以通过数学概念来加以非常精确的表达,这些概念
对于任何其他学科来说,都是极为令人困惑的。因此,相对论和量子
理论中,总会存在我们无法认知的领域,但是对于可认知的部分,我们
是可以掌控的。例如,在量子力学中,你不可能同时确定基本粒子的
位置和速度,但你可以任选其一,对一个变量所获取的信息,同时也将
弱化对另一个变量的认知。这的确是个困扰,但如果不借助数学而采
用其他学科进路,我们将更是两眼一抹黑儿,毫无可能去进行实质性
讨论。更不用说,数学方法用于预测,早已得心应手了。

　　论及数学的未来发展,我有点担心,这个话题过于专业了。我想
做一个简要的评论。我认为,对于普通听众来说,仅仅是描述数学的
历史或展望未来十年间数学的发展,是不够的,更有意义的是,应该探
讨数学发展的境况。这非常具有针对性和启发性。

　　另外,谈及数学在科学和社会中的作用,引人注目的情况是,在很
多领域,数学都表现出实际的功用。但是,有时,这种实用性并不那么
直接。

　　例如,数学家们通常认为,如果一个理论可以用于理论物理,那么
它就是直接有用的。接着,他又得说,理论物理只有可用于实验物理,
才是有用的。再接着,他又说,实验物理只有在工程科学中有用,才算
是真正有用的。再接着,他还可以继续矫情。显然,有用这个概念是
有局限性的,我们不能认为,每个学科都应该可应用于其他领域甚至
即刻对社会产生实际功效。按数学家的说法,有用,就是指,对于数学
之外的任何事物都有用,如果我们对于有用的定义不那么吹毛求疵的
话,那么,我们就会认同,数学对于大部分领域还是有用的。综合起来
看,数学在相当广泛的领域都发挥了直接的效用。事实上,数学给我

们生活的世界带来了绝大的变革,这些变革有些是直接的,有些则是通过其他领域而产生的,但数学始终显示出巨大的变革力量。

有意思的是,数学的大部分内容在发展过程中几乎从未顾及实用性,但人们始终确信,未来它很可能因为某个完全不相干的因素而变得有用。这确实是一个独特的现象。我可以提一下矩阵和算子领域中代数的某种形式。当初被发明时,谁也没想到 20 年乃至 100 年之后,它会在量子力学(那时还没出现呢)领域发挥作用。同样的情形是,在微分几何的年代,谁也没想到广义相对论的出现,更没想到,广义相对论会用上微分几何。而如今,这些学科的发展极为迅猛。类似的案例不胜枚举。

当然,我得说,也有相反的案例。最典型的就是,牛顿发明微积分,完全就是专门为了理论物理的特殊需要。

虽然没有任何实用性导向,但是想当大一部分数学知识越来越有用。当初,没有任何人知道它会何时用于何方,也没有任何迹象表明它在未来会发挥作用。大致来说,数学发现与其应用之间会有一个时差,可能从 30 年到 100 年不等,有时甚至更长。整个数学知识体系的演进,似乎是没有任何方向,没有任何实用背景,没有任何实用性意愿。然而,我们需要意识到,整个科学的发展进程本来是如此。换言之,我们应该去了解,究竟是经历了怎样的一个历程,科学才产生了其特殊的社会作用并影响着我们的日常生活:自然科学如何从力学而来,力学的早期发现又如何与天文学关联,这些工作都与今天的诸多应用毫无关系。

对于科学事业来说,其永恒真理就是:成功来自摒弃功利、拒绝名禄,单纯享受人类智力活动的乐趣,唯此,科学才能焕发源源不竭的生命力,真正有益于人类的长远福祉。

　　我相信,上述关于数学的属性,值得好好思考,我也相信,科学界的每一个同仁都具备专业的优势来评估这些论点,并给出自己的答案。我更相信,仔细观察科学对于我们社会的影响,深入思考自由主义原则如何在科学园地开出奇妙之花,是极有意义的。

科学元典丛书（红皮经典版）

1	天体运行论	［波兰］哥白尼
2	关于托勒密和哥白尼两大世界体系的对话	［意］伽利略
3	心血运动论	［英］威廉·哈维
4	薛定谔讲演录	［奥地利］薛定谔
5	自然哲学之数学原理	［英］牛顿
6	牛顿光学	［英］牛顿
7	惠更斯光论（附《惠更斯评传》）	［荷兰］惠更斯
8	怀疑的化学家	［英］波义耳
9	化学哲学新体系	［英］道尔顿
10	控制论	［美］维纳
11	海陆的起源	［德］魏格纳
12	物种起源（增订版）	［英］达尔文
13	热的解析理论	［法］傅立叶
14	化学基础论	［法］拉瓦锡
15	笛卡儿几何	［法］笛卡儿
16	狭义与广义相对论浅说	［美］爱因斯坦
17	人类在自然界的位置（全译本）	［英］赫胥黎
18	基因论	［美］摩尔根
19	进化论与伦理学(全译本)(附《天演论》)	［英］赫胥黎
20	从存在到演化	［比利时］普里戈金
21	地质学原理	［英］莱伊尔
22	人类的由来及性选择	［英］达尔文
23	希尔伯特几何基础	［德］希尔伯特
24	人类和动物的表情	［英］达尔文
25	条件反射：动物高级神经活动	［俄］巴甫洛夫
26	电磁通论	［英］麦克斯韦
27	居里夫人文选	［法］玛丽·居里
28	计算机与人脑	［美］冯·诺伊曼
29	人有人的用处——控制论与社会	［美］维纳
30	李比希文选	［德］李比希
31	世界的和谐	［德］开普勒
32	遗传学经典文选	［奥地利］孟德尔 等
33	德布罗意文选	［法］德布罗意
34	行为主义	［美］华生

35	人类与动物心理学讲义	［德］冯特
36	心理学原理	［美］詹姆斯
37	大脑两半球机能讲义	［俄］巴甫洛夫
38	相对论的意义：爱因斯坦在普林斯顿大学的演讲	［美］爱因斯坦
39	关于两门新科学的对谈	［意］伽利略
40	玻尔讲演录	［丹麦］玻尔
41	动物和植物在家养下的变异	［英］达尔文
42	攀援植物的运动和习性	［英］达尔文
43	食虫植物	［英］达尔文
44	宇宙发展史概论	［德］康德
45	兰科植物的受精	［英］达尔文
46	星云世界	［美］哈勃
47	费米讲演录	［美］费米
48	宇宙体系	［英］牛顿
49	对称	［德］外尔
50	植物的运动本领	［英］达尔文
51	博弈论与经济行为（60 周年纪念版）	［美］冯·诺伊曼 摩根斯坦
52	生命是什么（附《我的世界观》）	［奥地利］薛定谔
53	同种植物的不同花型	［英］达尔文
54	生命的奇迹	［德］海克尔
55	阿基米德经典著作集	［古希腊］阿基米德
56	性心理学、性教育与性道德	［英］霭理士
57	宇宙之谜	［德］海克尔
58	植物界异花和自花受精的效果	［英］达尔文
59	盖伦经典著作选	［古罗马］盖伦
60	超穷数理论基础（茹尔丹 齐民友 注释）	［德］康托
61	宇宙（第一卷）	［德］亚历山大·洪堡
62	圆锥曲线论	［古希腊］阿波罗尼奥斯
63	几何原本	［古希腊］欧几里得
64	莱布尼兹微积分	［德］莱布尼兹
65	相对论原理（原始文献集）	［荷兰］洛伦兹 ［美］爱因斯坦 等
66	玻尔兹曼气体理论讲义	［奥地利］玻尔兹曼
67	巴斯德发酵生理学	［法］巴斯德
68	化学键的本质	［美］鲍林

科学元典丛书（彩图珍藏版）

自然哲学之数学原理（彩图珍藏版）　　　　　　　〔英〕牛顿
物种起源（彩图珍藏版）（附《进化论的十大猜想》）〔英〕达尔文
狭义与广义相对论浅说（彩图珍藏版）　　　　　　〔美〕爱因斯坦
关于两门新科学的对话（彩图珍藏版）　　　　　　〔意〕伽利略
海陆的起源（彩图珍藏版）　　　　　　　　　　　〔德〕魏格纳

科学元典丛书（学生版）

1　天体运行论（学生版）　　　　　　　　　　〔波兰〕哥白尼
2　关于两门新科学的对话（学生版）　　　　　　〔意〕伽利略
3　笛卡儿几何（学生版）　　　　　　　　　　　〔法〕笛卡儿
4　自然哲学之数学原理（学生版）　　　　　　　〔英〕牛顿
5　化学基础论（学生版）　　　　　　　　　　　〔法〕拉瓦锡
6　物种起源（学生版）　　　　　　　　　　　　〔英〕达尔文
7　基因论（学生版）　　　　　　　　　　　　　〔美〕摩尔根
8　居里夫人文选（学生版）　　　　　　　　　　〔法〕玛丽·居里
9　狭义与广义相对论浅说（学生版）　　　　　　〔美〕爱因斯坦
10　海陆的起源（学生版）　　　　　　　　　　〔德〕魏格纳
11　生命是什么（学生版）　　　　　　　　　〔奥地利〕薛定谔
12　化学键的本质（学生版）　　　　　　　　　〔美〕鲍林
13　计算机与人脑（学生版）　　　　　　　　　〔美〕冯·诺伊曼
14　从存在到演化（学生版）　　　　　　　　〔比利时〕普里戈金
15　九章算术（学生版）　　　　　　〔汉〕张苍〔汉〕耿寿昌 删补
16　几何原本（学生版）　　　　　　　　　　〔古希腊〕欧几里得

科学元典·数学系列
科学元典·物理学系列
科学元典·化学系列
科学元典·生命科学系列
科学元典·生命科学系列（达尔文专辑）
科学元典·天学与地学系列
科学元典·实验心理学系列
科学元典·交叉科学系列